随着技术的发展，机器人越来越实用化，机器人不仅活跃在制造领域，还活跃在服务、物流、体育、护理和核安全等领域。日经产业新闻采访了参与研发宠物机器人 AIBO 的索尼计算机科学研究所所长北野宏明、研发人形机器人的大阪大学教授石黑浩等诸多机器人行业专家，编者结合采访信息和科技发展信息，为大家详细讲述了活跃在多个领域中的机器人。

本书图文并茂，通俗易懂，介绍了许多即将在 2020 年东京奥运会中展示的机器人，并且附有深受欢迎的人形机器人 Pepper 的分解图。对于在现今社会生活的人士来说，本书是一本非常实用的读物。

人工智能系列

机器人前线

[日] 日经产业新闻 编

王杰立 汤云丽 译

机械工业出版社

前　言

机器人产业已经进入了黄金时代。

半个世纪以前，美国通用汽车公司（GM）已将机器人引入工厂。机器人作为工业自动化装置，长期在生产车间内被使用。这也为机器人现在融入我们的家庭生活和工作当中播下了种子，包括做家务的机器人、无人驾驶汽车、无人机以及人工智能（AI）。机器人不一定是人的形状，它泛指能自动执行任务的机器装置。机器人将越来越多地改变人类社会。

机器人产业的发展离不开硬件和软件两方面尖端技术的发展，包括充当眼睛和耳朵的传感器，高速的数据处理装置，以及能在网络空间内高效处理数据的云计算技术。这些技术正在高速发展，机器人的销售单价也在不断下降。

随着一些技术难题的解决，机器人已经能理解人类的微妙情绪，认识到物体的明暗变化。今后，机器人将会成为人类的好朋友。

研发机器人不仅仅局限于那些大型企业和专业的研究机

构。如今已经到了一个新的时代，无论是谁，都可以低价购买到与机器人相关的技术、零部件和软件，创造自己喜欢的机器人。只要有创意，就可以超过现有的机器人研发企业，创造新的机器人技术。

大量的人力、物力、财力被投入机器人产业，这也促进了机器人产业的发展。如美国信息技术（IT）的巨头——谷歌和苹果公司，长期以来不断收购机器人研发机构。机器人产业中的新产品、新服务及新生态的诞生将是毋庸置疑的。

软银集团研发的人形机器人 Pepper 的问世是最好的印证。Pepper 本身不具备很先进的技术，但是，利用云计算技术后，开放的开发环境使得全世界的 Pepper 爱好者都加入到了 Pepper 应用和服务的研发中来。以这样的模式发展下去，机器人一定会带给我们很多惊喜。

当然，人们并不完全了解机器人的进化方向。近期有一种流行的说法："技术奇点"。人工智能的权威——美国发明家 Ray Kurzweil 在其 2005 年所著的书中预言，到 2045 年，人工智能将会超越人类的大脑。书中还预言在今后的 20 年间，美国将有约 50% 的工作岗位被机器人取代。人们总是担心机器人背叛人类的事情的出现。有人说人工智能是 21 世纪最大的风险因素。人类和机器人能否共存共荣是一个很复杂的问题。

本书是根据《日经产业新闻》连载的内容整理的，书中出现的人物的职位是当时采访时他们所处的职位。

对飞速发展的机器人产业进行的采访是无止境的。如今，记者们都在捕捉最新技术的发展动向，切身感受到机器人热潮的到来，并对即将到来的新社会进行报道。本书介绍的内容仅仅是飞速发展的机器人产业的一小部分，如果能为您构想未来、把握新事物带来启示的话，那将是我们的荣幸。

日经产业新闻

目　　录

前言

第1章　人形机器人 Pepper ……………………………………… 1

1.1　天使面容下"隐藏的野心" ………………………… 2

1.2　富士康的进军之路 …………………………………… 7

1.3　Pepper 教数学 ……………………………………… 11

1.4　分解 Pepper，揭开谜团 …………………………… 18

第2章　空中盘旋的无人机 …………………………………… 23

2.1　探访行走在技术前沿的研究者 …………………… 24

2.2　带有魔法的算法 …………………………………… 28

专访：苏黎世联邦理工学院（ETH）教授——Raffaello
D'Andrea …………………………………………… 32

2.3　无人机将比萨送货上门 …………………………… 34

2.4　中国无人机的兴起 ………………………………… 37

专访：大疆创新科技公司日本分公司社长——吴韬 … 39

2.5　人类飞天之日——东大、索尼、电通三方合作 …… 40

2.6　创意活动正在进行 ………………………………… 44

第 3 章　援助东京奥运 ·················· **47**

3.1　依靠假肢超越正常人，力争破纪录夺金 ·········· 48

3.2　拯救建筑行业 ·························· 55

3.3　担任导游 ···························· 60

3.4　奇妙的演出：“高达”或将登台奥运会开幕式 ····· 64

第 4 章　缩小差距，赶超人类 ·············· **69**

4.1　外骨骼机器人——人类憧憬的“帅气”成为

现实 ···························· 70

4.2　跨过深渊 ···························· 73

4.3　读懂潜台词 ·························· 79

4.4　人工智能的追爱之旅 ·················· 83

专访：索尼计算机科学研究所所长——北野宏明 ····· 87

专访：东京大学研究生院教授——历本纯一 ········ 89

专访：Flower Robotics 公司社长——松井龙哉 ······ 90

专访：大阪大学教授——石黑浩 ·············· 91

第 5 章　包罗万象的睿智 ·················· **93**

5.1　2050 年，足球机器人将会战胜人类 ········· 94

5.2　预测胜负的话，人工智能占 80%，机械装置

占 20% ·························· 98

5.3　灾害应对领域的高科技竞赛 ·············· 102

5.4　美国中小型企业重回服务领域 ············ 105

5.5　无人物流 ···························· 109

5.6　工业机器人的代理之争 ·················· 114

专访：机器人世界杯国际委员会主席——野田五

　　十树 ·· 117

第6章　挑战废弃的核反应堆 ·················· **119**

6.1　呈现核反应堆安全壳的内部 ·········· 120

6.2　清除核污染的机器人 ·················· 125

6.3　无人重型机械开辟险路 ·············· 130

6.4　用基本粒子探寻核燃料碎片 ·········· 134

附录　人形机器人 Pepper 的分解图 ·········· **139**

第1章
人形机器人 Pepper

1.1 天使面容下"隐藏的野心"

1.2 富士康的进军之路

1.3 Pepper 教数学

1.4 分解 Pepper，揭开谜团

1.1 天使面容下"隐藏的野心"

云数据

"您对新型手机感兴趣吗？"

在软银集团手机旗舰店（表参道店）里，面容可爱的人形机器人 Pepper 在迎接顾客的到来。这台机器人从 2014 年 6 月开始具备了接待功能，它可以整日不知疲倦地接待各个年龄层的客人。

Pepper 的特点是能够根据人的表情和声音变化理解人的心情，如图 1-1 所示。它既能说出关于血型等日常内容，也能说一些营销方面的话题。来店里的女顾客兴奋地说："机器人关心地问我最近忙不忙的时候我吓了一跳，在动画片中才能见到的机器人竟然成为现实。"

机器人能够理解人类想表达的心情的秘诀是人工智能（AI）。它通过机身上的相机和麦克风获取人类的表情和声音，再通过 WiFi 将各种信息共享到云服务器的数据中心。机器人用其机身搭载的感情认知系统对数据进行分析，推断出人的喜怒哀乐。每个 Pepper 与人接触的经验都变成数据并被存储到了云上，作为云数据共享，Pepper 的能力也因此而日渐提高。虽然与在店里安排机器人的初衷相去甚远，但是现在机器人都能根据顾客的要求握手、拍纪念照，就连摆造型都能轻松应对。

图 1-1　人形机器人 Pepper

指导售货员

"多亏了 Pepper，来店里的客人增加了 1 ~ 2 成。"软银集团表参道店的经理高兴地表示。云技术的功能是无限强大的，它甚至可以分析店铺的客流量和售货员的业绩，看来 Pepper 拥有指导售货员的能力也是指日可待的。

2015 年 6 月，软银集团正式发售适用于家庭的 Pepper，定价为 19.8 万日元（不含税）。软银集团每月可以卖出 1000 台 Pepper，一上架就被一抢而空的状态一直持续着。Pepper 的开发者林要先生表示："也许过不了多久，Pepper 就会成为家庭生活的中心吧！"他描绘出了更吸引人的世界，将来机器人不仅能够远距离操作家电，减少家庭用电，也能在人们回家的时候理解人的心情，说一声"辛苦了"或是"干得好"。

"Pepper 是让家庭更幸福的机器人！"软银集团的孙正义社长是这样解释的。确实现在市面上的机器人在很多领域都能代替人进行实际作业，比如说危险的事故现场、最尖端的手术室、网店的物流仓库等。但机器人对于人类感情领域和家庭生活的涉足还远远不够。

但是，某 IT 从业人员却提出了其他的见解："大数据时代下大家都在注视着这个机器人，Pepper 就是特洛伊木马。" Pepper 通过观察人的眉毛向上或者眼角向下的方式来理解人的情绪。比如说，在店里等了好久的客人不高兴了，那么他会有什么打算呢？或者说反过来会如何呢？这些情况机器人会如何处理呢？

不仅是手机店里，家里也有几十万台投入使用的 Pepper，它能提取智能手机里的所有生活记录，吸收庞大的数据。随着机器人对人类感情信息认知能力的提高，机器人发布广告、推荐商品取得的效果更好。

希腊神话中，特洛伊木马内部藏着很多士兵，在敌人毫不知情的情况下深入敌军内部。当然，如果 Pepper 真的一声不响就获取个人信息，那它确实将成为大数据时代的特洛伊木马。

但是，引进 Pepper 的企业正在不断增加。它除了做雀巢咖啡销售员，还活跃于家电卖场。Pepper 被安排在佐川速递东京站营业点提供服务，它还向游客提供行李存放服务和将行李当天送到宾馆的服务。东京地铁将 Pepper 应用于地铁站和公共设施处，用于接待乘客。倍乐生公司将 Pepper 放在学习交流站点。瑞穗金融将 Pepper 放在门店前，用于在顾客等待的时候与客人聊天做游戏。

Pepper 应该拥有家用机器人的独立操作系统，开发人员也都认可了孙社长的这个想法，因此软银集团准备开发家用机器人操作系统。

软银集团启动了名为"软银·创新·工程"的活动，公开招募不同行业的合作伙伴，主要是汽车、住宅、健康、数码产品等领域。关于机器人的基础——人工智能，孙社长认为人工智能超过人脑的时代是一定会到来的，到那时，人的社会角色会发生很大变化。

软银集团计划与美国 IBM 公司合作开发认知型计算机智

能系统 Watson 的日语版，同时也在招募合作伙伴，希望能在开发专用 APP 和提供 Watson 系统预先读取数据方面共同合作。软银集团急于拓展业务，为了完成家用机器人的操作系统，他们计划在两年内招募 200 家公司参与其中。

孙社长心中的竞争对手是操作系统领域的巨头——美国谷歌公司。谷歌正在加速转向机器人行业，相继并购了美国军用机器人开发公司 Boston dynamic、英国人工智能开发公司 Deep mind technology。谷歌还与美国 J&J 公司共同开发了协助医生的手术机器人，而美国 Intuitive Surgical 公司生产研发的达芬奇手术机器人是整个医疗机器人行业的领先者。手术机器人在日本也得到了普及，而谷歌在医疗领域也赶了上来。

与谷歌的对抗

谷歌通过手机操作系统培养起来的商业模式将如何在机器人方面发挥作用，这还不是很清楚。2012 年 Rethink Robotics 最先为软银集团出资开发 Pepper 机器人。谷歌在 2013 年就至少收购了 9 家机器人公司，而软银集团也想收购机器人公司，于是演变成了跨国收购机器人公司的商业大战。一方是谷歌，另一方是软银集团，两者的对立愈演愈烈。

根据日本经济产业省的报告，2015 年日本的机器人市场总值为 1.5 万亿日元，到 2035 年预计可以达到 10 万亿日元。将来工业机器人的增长率将是现在的 13 倍，而像 Pepper 这类的服务型机器人的市场总值或可达到 4.9 万亿日元。

机器人制造技术正在飞速发展，由于传感器和人工智能的水平不断提高，机器人可以通过"思考"做一些小动作。软银集团还与阿里巴巴集团开展深度合作，阿里巴巴的创始人马云也预言，机器人会像汽车一样普及。

不仅是谷歌不断收购机器人公司，美国亚马逊也在 2012 年以 7.75 亿美元（约 900 亿日元）收购机器人公司 Kiva Systems。该公司生产的机器人为商品配送工作带来了极大的便利，使物流工作进行得更顺利。日立制造研究所则也在传感器与人工智能部门安排了 2000 多名研究员。

对于人形机器人来说，除了声音和图像的识别处理功能以外，人们也一直希望它能在安全措施方面有与工业机器人不同的技术情报功能。就像随着智能手机在全世界的普及，电子终端行业上演着激烈的竞争。机器人这个巨大的市场引发了世界范围内的各大公司对于机器人行业主导权的争夺。

1.2 富士康的进军之路

"我们公司之所以拥有制造机器人 Pepper 的强大竞争力，是因为我们公司强大的技术支持，使制造周期更短、成本更低，整个工作流程能够更加顺利地进行。"2015 年 6 月，富士康集团召开了股东会议，董事长郭台铭胸有成竹地在会上公开了自己对未来经营管理的看法。郭董事长充满激情的演讲持续了很久，他还表达了想要重点发展机器人事业的意愿。

2014 年软银集团将人形机器人 Pepper 的生产业务委托给了富士康集团。2014 年 6 月，郭董事长在东京召开的记者见面会上，公开宣布接受生产委托。同年 6 月，富士康集团召开股东大会宣布进军机器人市场。事实上富士康集团是经过了精心准备的，早在 2007 年就设立了与机器人相关的子公司。富士康集团积累了很多开发和生产工业机器人手臂的技术信息，之后耗时几年才完成了技术研发，该技术实现了机器人手部和肘部的灵活运动。

从智能手机到机器人

富士康集团与软银集团和谷歌建立关系的原因是"智能手机"。富士康集团也与苹果公司合作，生产制造 iPhone。但是富士康集团管理者透露，生产智能手机的利润率太低了，根本不赚钱，而生产机器人的价格将远高于智能手机的价格集团收益将会大幅提高。

从软银集团和谷歌的角度来看，能制作机器人的电子制造商（EMS）只有富士康集团。富士康集团的祖业是制造金属模具，拥有高端材料成形技术，软银集团管理者表示，仁宝电脑等其他的电子制造商无法制造机器人，所以说富士康集团对于机器人的生产制造是非常重要的。

曲折前行

富士康集团副总经理林海涵表示，Pepper 生产中遇到的最大难题就是它白色的机身，这里面集合了富士康集团创建以来最精华的技术。Pepper 白色的机身材料是由三种材料复合而成的，如图 1-2 所示。这三种材料分别是用于家电制品的具有柔软特性的 ABS 树脂、用于智能手机外壳的具有坚硬特性的聚碳酸酯和玻璃纤维。为防止机身损坏时碎片散落，在原有材料的基础上提高了硬度，但距离完全成形还需要更成熟的加工技术。

图 1-2　Pepper 的白色机身

Pepper 生产车间的工作人员透露道，Pepper 的零件加工精度都要求精确到微米。Pepper 的 1100 个零件中，约有 200 个树脂零件。对生产智能手机非常拿手的富士康集团而言，也是第一次如此大量使用树脂零件。软银集团的负责人回忆道："当时就是反复试验、失败，然后不断摸索。"在富士康集团的烟台生产基地中，所有的树脂零件都由他们自己生产。工厂内拥有 100 多台制作金属模具的机器和注射机，为保证产品的品质，还配备专业技术人员，不断改进这些设备。

富士康集团能飞速发展正是得益于其金属模具技术。1988年史蒂夫·乔布斯推出了苹果计算机（iMac），使濒临破产的美国苹果公司起死回生。而为 iMac 做出创新的半透明外壳设计的正是富士康集团，美国苹果公司也因此度过财务危机，开始迅速发展起来。富士康集团与美国苹果公司间的贸易往来也逐渐拓展到智能手机和平板电脑领域。

富士康集团拥有三万多名金属模具相关的技术人员。富士康集团还在我国创办了两所寄宿制的机电学校。为让这些全国选拔出来的年轻人能在半年内充分掌握模具技术，他们被派往全国各地的工厂实习。作为 iMac 半透明外壳设计的参与者之一，副总经理林海涵也是名操作娴熟的技术人员。他说："Pepper 的机身虽然是最难生产的部分，但只要拥有雄厚的技术和丰富的经验就一定可以战胜困难。"2015 年 2 月开始批量生产 Pepper 时，每小时仅能生产 5 台，2016 年，已经达到每

小时 10 台。而在未来，组装工人将从现在的近 700 人增至
1000 人，并通过改进一部分自动化装置等措施，将每小时产
能增至 15 台。

1.3　Pepper 教数学

一天，编辑部主任下达了指示："既然可以获得软银集团
的 Pepper 的帮助，那就看看能不能干点有意思的事。"这时浮
现在我脑海里的是那张 2014 年夏天 5 岁女儿见到人形机器人
Pepper 时高兴的笑脸。那就这样吧！为什么不用自己做的应用
程序让女儿开心呢！于是我想尝试开发 Pepper 的应用程序。

我问女儿："下次，把机器人带回家里来，你想让他做些
什么呢？"女儿认真思考之后回答说："嗯，我好想让他帮我
做计算题啊！"女儿正对数学萌发兴趣，即使只做出一道特别
简单的数学题她都特别高兴。好！那就这么做吧！

2015 年 6 月 20 日，Pepper 以每台 19.8 万日元（不含税）
的价格开售。但我并没有制作应用程序的经验，仅仅在 2014
年采访过软银集团的设计研发者，听了研发软件的概要而已。
结果到底如何，就取决于我的学习能力了。

我拜了软件开发公司 Isana 的二口俊介和堀田仁志为师。
我和老师说："我想研发一款可对孩子们做出的计算题进行正
确与否判断的应用程序，并希望这个程序能用在人形机器人

Pepper 上，实现它与人类的互动。"2015 年 6 月，在 Isana 公司的总部，两位老师开始给我授课，最先教的是名为"Chore-graphe"专用开发软件的使用方法。软件中的单个指令盒可以设定机器人的单个动作，开发人员通过流程图连接指令盒，从而使机器人完成连续性动作。由此机器人可呈现优美姿态，可以观察周围环境而做出反应，还可与人类进行交流。

很快 Pepper 就可以启动了。通过无线通信联网后，我们就可以对 Pepper 下达命令。二口老师 1min 内连接了几个指令盒后，Pepper 的头就开始摆动。它看到我，手舞足蹈地说着"你好"。这么简单的操作就能让机器人动起来，我感到非常惊讶。

"哎呀，怎么停了！把线接那边试试。"那天我边参考互联网初级教材，边学习简单的程序制作，研发应用程序确如想象中一样难。我想起之前说想趁着热乎劲体验研发应用程序的艰难和辛苦，现在想想却也并没感到有多后悔。三天后我再来访时，到底能否做出应用程序呢？

老师给出建议："把控制全身动作的部分与处理数学计算题的部分分开研发就比较容易了。"一旦机器人开始相对复杂的动作和对话，流程图面板的画面就会变得乱七八糟，很难看懂。显然把多个指令盒结合成一个，操作起来会更容易。

回去时，堀田老师把他做的样品作为纪念品送给了我。在苦苦熬了几个小时后我终于迈出了第一步，独自做出了 Chore-graphe 程序中所没有的动作设定。如果只使用其标准功能是无法做出想要的应用程序的，但采用老师的样品就可以独立完成应用程序。这便是之后三天所要解决的问题。

在流程图上下功夫

"怎么还是不动呢？"我再次去访问 Isana 公司时，不出所料，Pepper 还是没动。二口老师指出："这种情况，应按顺序确认好每个指令盒是否都正常运作。"他快速检查了我的流程图然后指出："机器人虽能识别数字，但却无法正常运转做出计算。"

Pepper 听到"いち"（1）时会理解为"1"，在听到"じゅうよん"（14）时也会正确理解为"14"。但在接下来的动作设定连接点处，却没编程成功。在两位老师的帮助下，我反复修改检验了很多出状况的地方，终于在几个小时后，Pepper 做出了计算题，同时它还能针对我的答案，给出正确与否的回答。假设我三次都回答正确，Pepper 还会表扬说："做得真棒！"这下女儿应该会很高兴吧。但 Pepper 仍然存在一些问题，它说话语气很不自然，动作也很僵硬。二口老师也提到："Pepper 能正确识字时却无法正常对话，它一次只能进行一个动作。"Pepper 的能力还有很大的上升空间，比如可以把部分平假名转换成片假名或汉字，并调整语音语调，让其发音更为清楚。

13

若把无论是动作还是说话都有点奇怪的 Pepper 放到女儿面前，我脑海中便会浮现出女儿那失望的表情。所以我必须一直做试验，直到成功。

我的脑海中还浮现出这样一幅人机对话的画面："要不要做计算题？""好呀！""12 + 6 是多少？""18。""答对啦，你真棒！"

在机器人性能方面，不得已放弃了当初的大半构想。虽然 Pepper 胸前的平板电脑可以显示出现的问题，我却不能理解这些问题。虽然 Pepper 已经能计算加减乘除，但偶尔也会出现计算失误。

我一边鼓励自己继续努力一边又不断重复着失败。搬运重达 29kg 的 Pepper 也是一件苦差事，我不得不让同事帮我搬回家。在把 Pepper 搬回自己家的那天，我依然在紧凑的时间内对 Pepper 的编程进行了最后的调整。

孩子们很快接受了 Pepper

5 岁的女儿和 3 岁的儿子正饶有兴趣地看着搬回来的 Pepper。Pepper 一启动，便开始做自我介绍："初次见面，您好，我是 Pepper。"孩子们见状，表情也变得兴奋起来，似乎很自然地就接受了机器人的存在。软银集团董事长孙正义曾预想过，30 年后，机器人的数量将有可能超过人类。等这些孩子们长到和我差不多年纪的时候，也许就到了孙正义预想的时代。

终于到了检验我所做的应用程序的时刻。我连接上计算机，向 Pepper 传送设定好的程序，然后按开关启动。Pepper 环顾四周，接着看向我问道："要不要做计算题?"太好了，我终于成功了!

把 22 当成鹅

Pepper 向女儿提问："16 加 6 等于多少?"女儿边掰着手指头数边答道："22。"如图 1-3 所示。但 Pepper 说："非常遗憾，回答错误。"下一个问题女儿也答对了，但 Pepper 又说不正确。

我在研发软件时，设定了一项即时表达语音文字和识别文字的功能。但实际观察发现，多数情况下 Pepper 对女儿发出的指令都无法做出正确识别，明明说"15"却被识别为"书"，明明说"22"却被识别为"鹅"。

可能是女儿发出的声音与机器人识别系统匹配不好，也可能是孩子的音域过高不好识别。这些问题我虽然还没有研究清楚，但是商用 APP 的研发人员就必须要对使用者和假想的动作进行检测验证，其中的辛苦可想而知。

除此之外，Pepper 的 bug 还有很多。女儿多次得出正确答案后，Pepper 表扬她"合格啦!"并问"还要再来一次吗?"可是女儿明明回答"再来一次!"Pepper 却说"真可惜，已经

图1-3　女儿一边数手指头一边思考问题

结束了。"什么呀？问要不要再来一次的明明是 Pepper 啊！虽然是因为自己没设置好步骤，导致计算和条件出现分歧，使 Pepper 无法顺利做出动作，可是我还是想对 Pepper 抱怨几句，女儿也是哭笑不得。

重复几次后，女儿好像开始习惯了。她开始尝试着用 Pepper 容易听懂的语言慢慢地回答，试着放低声音说话。当自己的回答被 Pepper 表扬时，女儿的脸上浮现出害羞又开心的表情。能被 Pepper 表扬，她果然还是蛮开心的，如图1-4 所示。

16

图 1-4　女儿被 Pepper 表扬后很开心的笑

"怎么样?"归还了 Pepper，回到家后问女儿，"很开心!"女儿马上回答道。女儿回答时的笑容对于父亲来说就是最好的评价。

"不过，Pepper 的听力有些不好啊。"其实这并不是说 Pepper 不好，而是我的技术太差了。抱歉啦，Pepper。

"机器人"的影响力

孩子们对 Pepper 的举手投足目不转睛的情形令人印象深刻。这种痴迷让人感到吃惊。如果仅仅出一道计算题，计算机或者手机就足够了。之所以特意用 Pepper 来实际体验，是因

17

为它工作的情形和面对人类时的感觉，对人的意识有非常大的影响。

只要发现周围环境有什么动向，机器人就会自然朝着那个方向看。这种特性让机器人与计算机和手机分出明显的界限。

机器人拥有多样的表现形式和复杂的验证工作，它能做出什么样的姿态，用什么样的声调说话，是否能对多数人的声音做出适当的反应，这些功能在研发中一定会经过反复验证。

1.4 分解 Pepper，揭开谜团

软银集团分解 Pepper 时，展示了其复杂的构造。作为初期产品，比起量产，软银集团希望优先研发产品的功能。头和脚的部分由众多零件集中制成，身体大部分为中空构造，局部发动机由美蓓亚集团制造。

日经 Robotics 调查部独自购买了 Pepper 并进行了分解。技术人员见到其内部构造后，大多数都评价其既有优点也有缺点。不难看出，减少零件数量使产品单元化是很耗费精力的，所以才形成了这种难以组装的复杂结构。

将 Pepper 的头部夹住，打开头部的卡扣，从头顶开始向外展开。在 Pepper 的头上，集中了类似于人类的大脑、眼睛、耳朵、嘴的零件，如图 1-5 所示。

打开头顶的壳，里面安装了接触式传感器和 4 个麦克风。

头顶用来听人和周围的声音，放置耳朵的地方则是用来发音的
扬声器。

把起到主导作用的两个计算机主板上下重叠为一组，斜放
在机器人的头后部，电路板上还搭载 MPU 芯片。同时头部还
搭载了无线通信模块。

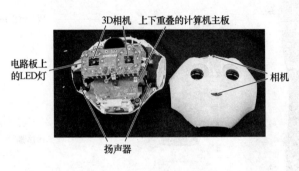

图 1-5　Pepper 的头部结构

头部散热的难题

头部的散热应该是最难的。头部中间配置了两个散热器加
速空气流通，使发热快的计算机主板和 3D 相机迅速散热。眼
睛部分使用的 3D 相机是华硕电脑已在市面上出售的产品。

传感器和计算机主板都集中在头部，是想让更新速度快的
芯片和计算机主板更容易更换。软银集团在 2015 年 6 月发售
了面向大众的 MPU 芯片，比 2014 年 9 月发布的面向开发人员
的芯片性能更高。

从腰部往上到胸部，安装着使头部和肩膀活动的电动机和主板，还有冷却电动机的散热器和负责分配电源的主板，如图 1-6 所示。打开背部中间的外壳可以看见 3 个散热器中，头部下面的特别大，是因为头部活动时电动机负荷最高。

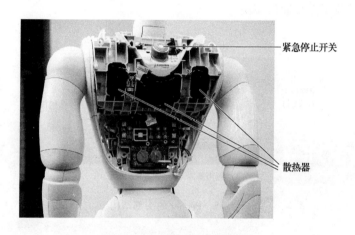

紧急停止开关

散热器

图 1-6 　Pepper 的胸部结构

头、肩、肘部的电动机由美蓓亚集团制造，输出功率为 10 ~ 20W。担任头和手的转动还有握手等动作的电动机使用的是奥地利 Ams 公司制造的。手的内部有连接 4 根手指的金属线，启动其中 1 根金属线就能同时使手进行张开和闭合，从而实现握手的动作。

胸和腰的部分中空部分比较多，虽然 Pepper 是近似于人的形状，但上半身较轻的设计使其不易倾倒，比较安全。

脚部集中了电池等重型部件，如图 1-7 所示。底部有 3 个全方位移动的球形车轮，车轮的位置采用等边三角形顶点设计，使行驶更为稳定。脚部采用瑞士 Maxon Motor 制造的电动机驱动车轮。腰部和膝盖也由 Maxon Motor 制造的电动机驱动，输出功率为 50 ~ 70W。

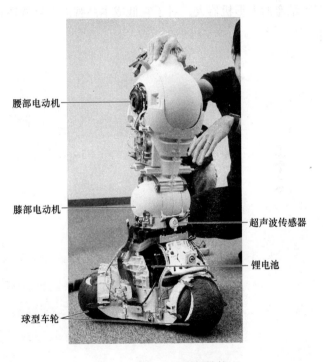

腰部电动机

膝部电动机

球型车轮

超声波传感器

锂电池

图 1-7　Pepper 的脚部结构

全方位移动的球形车轮中间安置了一块锂电池。这块锂电池容量为 30AH，充满电后可连续工作 12h。电池重约 4.7kg，占了 Pepper 全身重量的 1/6。

为了能让机器人避开障碍物，脚部放置了多个传感器。发射激光的零件有 6 个，这些零件向周围发射激光，传感器收到反射光后判断障碍物的位置。

由 20 个电动机驱动、能够实现复杂动作的 Pepper，是业内首次量产的人形机器人，对于它低成本高智能的挑战还在继续中。

第 2 章
空中盘旋的无人机

2.1　探访行走在技术前沿的研究者

2.2　带有魔法的算法

专访：苏黎世联邦理工学院（ETH）教授——Raffaello
　　　D'Andrea

2.3　无人机将比萨送货上门

2.4　中国无人机的兴起

专访：大疆创新科技公司日本分公司社长——吴韬

2.5　人类飞天之日——东大、索尼、电通三方合作

2.6　创意活动正在进行

2.1　探访行走在技术前沿的研究者

令人惊讶的无人机

苏黎世联邦理工学院（ETH）有世界上最著名的机器人研究者。Raffaello D'Andrea 是苏黎世联邦理工学院（ETH）研究动力控制系统的教授，也是美国亚马逊收购的一家计算机风险企业的共同创办者。他现在正在着手研究包括无人机在内高性能的机器。在他的研究所里，我看到了那令人兴奋的研究成果。

用 4 个旋翼悬停的无人机，一边发出高亢的声音，一边抢先到达我投球的落点。它还用球拍把球准确地击回到我的手中，就好像是活物一样飞来飞去。"太棒了!"我不禁发出这样的感叹。

我从事记者行业 14 年，其中 4 年是在尖端技术圣地硅谷做采访。我本以为不太可能看见世界最前沿的技术，但实际情况令我大吃一惊。"不必担心，即使是这个领域的专家来到这里也是一样的反应。"和 D'Andrea 一起做研究、为我做技术指导的 Robin 这样安慰我。

在空中的倒立摆

瑞士苏黎世的一个小山丘上坐落着苏黎世联邦理工学院

（ETH）的新校区，D'Andrea 教授的研究所就在这里。研究所里有一个叫"飞行器竞技场"的实验室，长宽大约为 10m，上方罩着幕布，正准备进行无人机实验如图 2-1 所示。实验室的墙和地面上都铺了缓冲垫，即使无人机撞到墙上也不会损坏，让人觉得无人机实验像魔法表演一样。

图 2-1　飞行器竞技场

首先，1 架无人机中间立着长度约 1m 的摆杆，为了防止摆杆倒下，无人机需要快速地前后左右做着微调，追寻杆子的动向飞来飞去，如图 2-2 所示。

之后，有 3 架无人机张开网接球，它们迅速移动到球的落点，用网的中间接住球。即使人做都很难的事情，Robin 却说无人机可以反复试几次来提高精确度。

图 2-2　无人机实现空中立摆杆

最后展示了由 6 架无人机组成的复杂的编队飞行、无人机随着音乐跳舞等实验。这时候实验室门前已经聚集了很多围观的人。

D'Andrea 在实验室里这样说道："我认为数十架、数百架无人机可以按照人的意愿飞行，这就是我们开始研究的动力。"

让立方体立在顶点上

D'Andrea 出生于意大利，9 岁时移民加拿大。他曾就读于多伦多大学、加利福尼亚理工大学，1997—2007 年间在美国做大学教授，后转到苏黎世联邦理工学院（ETH）。学院里设立了无人机专业，真正实现了对无人机的深入研究。

　　研究所里不仅研究无人机，还研究被命名为 Cubli 的立方体机器人。通过其内部的圆盘来回转动、紧急制动的反动力，立方体机器人能神奇地在边和顶点处找到平衡并屹立不动，如图 2-3 所示。无人机和 Cubli 都是相当高端的技术，到底是什么样的技术，使 Cubli 具有魔法般的力量，能自动立在棱上，然后继续立起，立在顶点上的呢？

　　D'Andrea 在业内被称为"无人机魔术师"，但他认为真正令人感兴趣的无人机魔术还没有出现。

图 2-3　Cubli 立方体机器人的平衡过程

通过视频进行技术演示

　　为了让更多的人了解无人机技术，研究所正在公开进行"飞行器竞技场"的视频演示。

　　对于技术革新，D'Andrea 认为，自己要把技术的可能性扩展到极限，并将其发展成为可商业化的成果，还能够为所有人提供各种新创意。

设立风险企业

拜访 D'Andrea 的研究所是在 2014 年的 10 月初。D'Andrea 表示，硅谷的很多风险投资公司经常来拜访他的研究所，并且他自己建立了一家面向娱乐市场运用无人机技术的风险企业。除此之外，研究所也派生出了两个风险企业，一家是航拍无人机公司，另一个是安全领域的公司。

在日本的大学里，机器人技术的研究虽然处于世界前列，但转化为商业化成果的障碍仍然很多。D'Andrea 表示，要想使研究成果转化为商业成果，最好的办法就是设立风险企业。

2.2　带有魔法的算法

D'Andrea 设计的无人机像拥有意识的生物一样飞来飞去，那么这是如何操控的呢？

D'Andrea 在苏黎世联邦理工学院（ETH）的"飞行器竞技场"实验室中，有长宽各大约 10m 的专业棚顶，上面有 8 个红外摄像机在向下拍摄。为了能够让摄像机捕捉到无人机，无人机上装了 3 个反射红外线的球形标记，如图 2-4 所示。不同的标记代表不同的无人机，根据标记，系统就能够分辨出来每一架无人机。

图 2-4　无人机上的球形标记

每秒捕捉 200 次

摄像机以每秒 200 次的超高频率获取着无人机上球形标记的位置，数据通过计算机进行实时解析后，系统就可以以毫米为单位掌握着实验室内每一架无人机的位置，以及无人机正在以什么样的姿势飞行着。

D'Andrea 的研究所示范表演大致分为 3 种。第一种是带有球拍的无人机准确地击回投出的球。第二种是 3 架无人机的中间系上网，再使网张开将球投出，并且将落下的球再次抓回到网的这一系列动作，如图 2-5 所示。

29

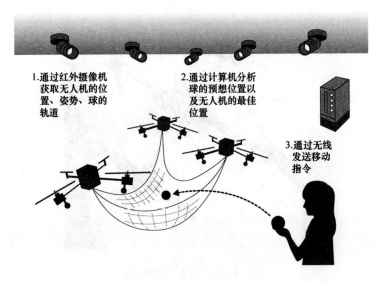

图 2-5　无人机用网接住投出的球

最后一种是飞行的倒立摆。把长度约为 1m 的摆杆立在无人机上面，一边使之不倒，一边上下左右地飞行，这可以说是人类都很难做到的动作。

无人机能够做出如此复杂动作的关键是什么呢？其实并不是无人机本身机器的精密或通信能力强，也不是旋翼的速度或精确度高，关键在于 D'Andrea 研究所独立开发的算法。

算法是解决给定问题的确定的计算机指令序列。在 D'Andrea 的研究所里，工作人员研发着各种算法，这些算法能够在各种条件下精确地操控无人机。D'Andrea 表示，即使 4 个旋翼中的 1 个发生故障，无人机仍然能够正常飞行，这就要根据不同的状况选择不同的算法。

用摄像机获取无人机或者球的准确位置、球的飞行轨迹、无人机的姿势、旋翼的转数等信息，再通过算法计算出来，最后通过无线给无人机传达指令。但无人机有时候也会接球失败，或者不能准确地投回球。这种时候，更正指令正是改进算法不可或缺的步骤。

运用现有技术

D'Andrea 表示，我们的强项就是将世界上现有的技术巧妙的组合起来形成新的系统，再加入独特的计算机算法，以此来提高技术水平。

D'Andrea 研发的无人机拥有什么用途呢？例如工厂天花板布满摄像机的话，无人机就可以运送部件或书籍。这样的场景我们很容易能想象到。在饭店里，无人机也能够将香槟安全地送到餐桌上。

但现在面临的主要问题是很难使红外摄像机安装在室外。不过，通过高精确度的 GPS（全球定位系统），或许将来在室外也可以使用 D'Andrea 的计算机算法。

现在我们可以尽情地发挥我们的想象力，当 D'Andrea 的算法能够在室外应用的时候，世界的景象会大不同吧。

专访：苏黎世联邦理工学院（ETH）教授——
Raffaello D'Andrea

Raffaello D'Andrea 教授

人物简介：Raffaello D'Andrea 出生于意大利，9 岁时移民加拿大，曾就读于多伦多大学、美国加利福尼亚理工大学，1997—2007 年担任康奈尔大学教授。2007 年开始，作为苏黎世联邦理工学院（ETH）教授正式开始无人机的研究。2003 年，建立物流机器人公司 Kira Systems，2012 年该公司被亚马逊收购。

——未来，无人机的商业前景怎么样？

"各种各样的企业都在探索无人机的用途，诸如安全防范、搜索救援和物流运输等。每个人都相信未来无人机巨大的可能性，那么是否真的能够诞生给我们的生活带来巨大影响的新成果呢？"

——您有没有对无人机商业化发展的具体想法呢？

"我虽然和各种各样的人在谈这件事，但是到目前为止还没有明确的答案。我和研究所共成立了 3 家风险企业。我个人出资成立的 Verity Studio 公司，主要面向无人机娱乐市场。我们还发表了与太阳马戏团合作的表演作品。"

——美国硅谷的 IT 企业也十分关注无人机的发展。你们是不是也会和谷歌这样的企业合作呢？

"我暂时无法回答您的这个问题。近期我将会访问硅谷的风险投资公司。目前还说不好这些企业是否对我们的研究感兴趣，是否会跟我们合作这些问题。"

——您为什么要在瑞士展开研究呢？

"首先，我是意大利人，我想回到欧洲。其次，苏黎世联邦理工学院（ETH）是世界首屈一指的理工大学，并且也具备良好的研究环境。这里有很多来自世界各地的精英，但人才竞争不像硅谷那么激烈。另外，瑞士也是个宜居的好地方。"

——您今后如何推进研究呢？

"我很喜欢的一本著作，《人机交互》就是讲述人是如何与机器产生联系的。那么无人机是怎样与人产生联系的呢？其实就是无人机运送过来的东西人要怎么接收等这类的事情。我们就是致力于研究机器之间的相互协作，诸如很多无人机相互合作运送物品等。"

——可以使用无人机让人类飞行吗？

"研究中使用的旋翼有 4 种，旋翼机的特征是稳定性非常高，但是负重能力不太好。但我们有让人飞行更有效的方法。"

——您对恶意使用无人机这一问题怎么看呢？

"所有先进的科技都会有善意的使用和恶意的使用。如果将现在市场上出售的无人机安装上 GPS 的话，就能够运送武器等这样那样的东西。我们在防止技术被误用的同时，也要思考怎样才能不阻碍技术的进步。"

2.3　无人机将比萨送货上门

1969 年 12 月，漫画《哆啦 A 梦》在《小学四年级》杂志上开始连载，其中第 1 回登场的神秘道具就是"竹蜻蜓"。虽然过去了 50 年，无人机还不能载人飞行，但是在安全防范和物流运输等领域迎来了巨大的商机。多旋翼自主运行的无人机创新技术正不断涌现出来。

无人机运送寿司、汉堡，这样的话题很早就在英国伦敦涌现。"YO！Sushi"是在英国开设的回转寿司连锁店，这家寿司店使用小型电动机驱动的无人机来运送商品。"YO！Sushi"希望通过新颖的服务来吸引顾客。

俄罗斯也出现了通过无人机将比萨送货上门的服务，这架无人机的时速为 40km，顾客可以直接从空中收到比萨。英国的多米诺比萨也正在开发将比萨送货上门的专用无人机。德国快递公司 DHL 也进行了使用无人机运送药物的实验。

低价入手

千叶大学研究生院工学研究科的野波健藏教授长期致力于无人机控制技术，他认为，能够自主飞行的无人机价格将越来越低。以前操控无人机的难度很大，一些技术熟练的人都是出于兴趣来玩的。但这几年的开发成果，使得无人机进化到了可以自主飞行的程度。由于近几年智能手机的不断发展，高性能芯片和锂离子电池的价格也越来越便宜。

波野先生说："同时，亚马逊的影响也很大"。2013 年 12 月美国亚马逊发布了使用小型电动无人机 Prime Air 送货到家的构想。无人机从配送中心飞到顾客的家中，顾客收到货物的演示视频一经公开，消费者都会满怀期待地迎接。

无人机的使用范围远不止这些，它还能够大大提高桥梁检查作业的速度。东日本高速公路公司计划将无人机应用在桥梁等这些人工检查相对较难的基础设施检查上面。

在检查范围内，使用无人机上的摄像机可以将需要注意的地方快速锁定，与熟练工目测的速度相比，无人机检查的速度可以提高 10 倍以上。直升机机器人检查太阳能电池板的状况或者是在发生灾害时使用等问题也被不断提出来，开发责任人也因此加快研究的进度。

SECOM 公司计划上市用于监控的无人机。这样的无人机会配置在商业设施或者工厂这些地方。一旦有未经许可的人进入，无人机就会自动起飞，并通过摄像机拍摄画面，再传给监视中心并报告情况。由于内置高清晰度的摄像机，即使在晚上也能很清楚地拍摄汽车的号码牌。

SECOM公司的总经理小松崎常夫先生笑着说："巴西电视局人员过来拍摄时问道，无人机能够运载导弹吗？我当时真是吓了一跳，我想的是首先将其运用在日本国内的警戒设施中。"

图2-6　SECOM公司研发的飞行监视机器人

日本无人机发展缓慢

现在无人机的制造商主要在中国，日本生产的无人机价格昂贵，无法赢得市场认可。千叶大学的波野先生认为，这样下去，日本的无人机技术就会被市场甩在后面。

波野先生成立了业界团体"Mini surveyor consortium"，一方面支援日本企业的技术开发，另一方面对无人机自主操控系统进行研究，并向无人机的制造领域发展，如图 2-7 所示。

图 2-7 正在研究电动直升机自控技术的野波教授

2.4 中国无人机的兴起

400 家公司参与到无人机市场

"将不可能变为可能"。在美国拉斯维加斯每年都会召开一次国际消费类电子产品展览会（CES），在德国科隆每两年举办一次科隆摄影展，大疆创新科技公司（DJI）正是在这些展览会上吸引了世界的目光。大疆并不是作为相机制造商，而是作为无人机制造商参加各大展会，并将其产品带给顾客。

大疆展台的一角有一架四旋翼无人机，它最长飞行时间为25分钟，即使超过遥控范围，无人机也能自动返回。无人机上的旋翼就像可以调高浮力的"筋斗云"，让无人机变成了拥有稳定控制系统的"孙悟空"。无人机也已在体育和艺术等活动上广泛应用。

赶超日本市场

大疆成立于2006年，公司名取自"大志无疆"。大疆在世界无人机市场份额中占七成，除大疆之外还有数十家制造商参展。据中国民航飞行员协会称，包括零件制造商在内，约有400家公司参与到无人机市场中，远远超过日本市场。

为何中国的无人机市场如此蓬勃呢？这是因为中国是世界智能手机的主要生产地。中国某大型零件制造商的技术部管理人员表示，智能手机和无人机的共同之处是都配置了GPS和各种各样的高性能传感器，大多数企业将在智能手机市场的激烈竞争之后迅速转向无人机市场。

专访：大疆创新科技公司日本分公司社长——吴韬

吴韬 社长

人物简介：吴韬，2008年毕业立命馆大学理工学部，同年进入欧姆龙集团，2013年8月起担任大疆创新科技公司日本分公司社长。

在世界无人机市场占七成份额的大疆将致力于开拓日本市场，大疆日本分公司社长吴韬提出这样的发展战略。

——日本市场的现状和今后的目标

"现在大疆无人机在日本市场的月销售额是前年的两倍，年销售额预计将达20亿日元。日本市场的销售额只占世界市场的5%，希望未来可以提高到10%以上。售后服务中心将从目前的20所扩展到200所，虽然现在大部分商品是面向消费者的，但以后也会加入商业用无人机。大疆将为日本顾客提供安全性更高、维修费用更为低廉的产品。"

——如何应对日本的规定

"目前相关规定还不完善，顾客会担心是否可以随意使用无人机。与其说应对规定，倒不如为了促进无人机发展，积极

39

参与规定的制定。我们已经与三井住友海上火灾保险集团合作，对无人机使用过程中出现的伤害事故进行赔偿，大部分购买者都加入了这项保险。为了消除顾客的疑虑，我们还将扩大保险种类。"

"关于飞行限制，对政府规定的飞行禁止区域，我们引入了强制着陆装置。在禁飞区域迅速降落。"

2.5　人类飞天之日——东大、索尼、电通三方合作

人类的能力到底可以发展到什么程度？使用无人机，人类飞天的梦想就能够实现吗？出于对 2020 年东京奥运会、残奥会的预期，人机交互研究第一人——东京大学历本纯一教授开始了新的挑战。他的目标是实现与无人机交互的"假想飞行"。

"这个球不会落下噢！"在东京大学本乡校区附近的实验室中，历本教授带领的研究小组开发的"Hoverball"好像不受重力影响，如图 2-8 所示。即使向相反的方向投掷它，它也能回到投掷者的手中。

让球浮起来

Hoverball 能自由移动的原因，实际上就是因为它中间安装了无人机。当无人机收到命令，定位装置就会启动，不论

图 2-8　历本教授开发的"Hoverball"

对方怎样移动，无人机也会保证在球不落地的情况下追上对方。

　　无人机既可以让球在空中静止，也可以让球在空中自由移动。历本教授表示希望完成一个使小孩、老人和残障人士都能享受快乐的运动，并消除体力和运动能力上的差别。用 Hoverball 可以策划各种各样的游戏，如图 2-9 所示。

　　因为以运动为主题，所以开发地点设在了担任东京奥运会项目工作的电通旗下的电通国际信息服务公司创新研究所。该研究所在 2014 年 8 月成立"Sports & Life Technology Laboratory"，历本教授担任高级研究员。

　　由历本教授担任副所长的索尼计算机科学研究所（Sony CSL）负责开发 Hoverball 的内核——四轴飞行器，东京大学研究所负责开发位置识别装置。这个项目由东大、索尼、电通合作进行。

历本教授的想法是很超前的，他希望通过使用无人机来实现人类虚拟空中飞行。明确了人机交互的目标后，该如何实现这一目标呢？人们与机器人拥有共同的视野，像掌控自己身体那样远距离操控机器人，这其实很不容易实现。

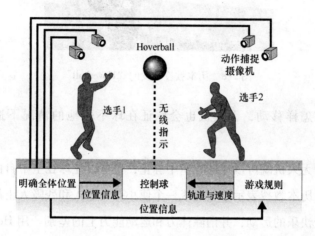

图 2-9　通过 Hoverball 完成的游戏

能力的协调很重要

人在走路的时候会下意识地前后左右观察并避开障碍物。但是人在操作机器人检查周围环境、避开前后左右的障碍物时，人很快就会觉得很疲惫。

这其中比较重要的是机器人的交互性。历本教授解释说："这就跟骑马一样，一般我们骑马的时候，如果想表达自己的意思，拉马的缰绳就可以了。"所以说人和机器人的各种能力相互协调也是很有必要的。

历本教授表示无人机的交互问题是很大的挑战。如果说机器人是人类的终极表现形式，那么两者间的能力磨合是必须实现的。但是，无人机的飞行能力是人类自身不具备的能力，因此建立人机交互的意义至关重要。

希腊神话中的伊卡洛斯的故事也表明飞行是人类永远的梦想，很多动画片中也出现了描述未来的场景，未来人和物品都能在空中自由地飞翔，人类渐渐地离开地面向更高的方向发展。

2020 年东京奥运会，无人机将会大面积投入使用。美国亚马逊已经开始通过无人机给消费者送货上门了，美国谷歌也在研究开发无人机配送系统。日本企业也有在设备管理方面使用无人机的意愿。历本教授预言，由于通信技术的发展，扩展人类能力的物联网时代即将到来。

日本机器人研究第一人北野宏明直言："飞行是人类没有的能力，所以可以实现人类飞行梦想的无人机这一领域是有很大发展空间的。"人类正在向未知的领域前进，历本教授所说的挑战才刚刚开始。

2.6　创意活动正在进行

欧美国家和中国都在不断进行无人机的开发，日本对无人机相关技术的研究也在不断增加。虽然目前是以环境检测为主要目的，但是不少新领域的商业用途正在不断涌现出来。

日本宫城县的一家网络影像广告公司在 2014 年秋天就开始用无人机进行摄影服务了，一般是为新婚夫妇拍摄在结婚仪式上放映的介绍视频。虽然并没有使用高性能的器材，但拍出来的视频丝毫不差，有很多夫妇在结婚仪式前来询问关于无人机拍视频的相关信息。

操控简单

"操作如此简单，真让人意外！"该广告公司的法人高野裕之在网上购买了中国产的无人机后吃惊地说。高野还兼任一家建筑公司的副社长一职，因为公司承包了土木工作的航拍任务，所以他购买了无人机，如图 2-10 所示。包括摄影使用的高分辨率摄像机在内，整台无人机一共也就 20 万日元。充满电就可以放飞无人机了，只要通过简单的操作就能进行拍摄工作。

"也可以从机动战士高达那样的高度和角度进行摄影，这样一来本身缺乏乐趣的拍摄工作，一下子变得不一样了。"自从购买了无人机，在学生时就制作过动画的高野一直干劲十足，现在更是想出了与婚礼视频相联系的新主意。

　　高野还把航拍的施工现场视频配上音乐做成宣传片，以此激励员工，公司员工看过这个视频后都觉得土木行业真是太棒了。如果在招聘年轻员工的时候播放这个宣传片，应该可以招到更多的人才吧。

图 2-10　手持无人机的高野裕之

　　该公司所在的仙台市太白区在东日本大地震时遭受了严重的损失，震后他们用无人机将城市样貌拍摄下来，这些有关地震灾害的珍贵资料对档案馆等部门很有帮助。

　　一方面，随着无人机行业市场的扩大，保险业也加入进来。东京海上日动火灾保险公司于 2015 年 7 月开始发售适用于无人机从业者的工业无人机综合保险。无人机现在还在航空法规定的范围外，但像汽车牌照这样的制度还没有出台。因此，发生事故时如何查明事故原因也是个问题。保险公司一边研究国外的组织结构、调查日本国内的法规动向，一边通过行业内的团体活动，积极组织相关问题的讨论活动。

另一方面，无人机的使用限制也不断增加。因为 2015 年 4 月，首相官邸屋顶上发现了小型无人机，机身上有核辐射标志，以此为契机，人们对无人机无限制飞行感到更加不安。因此日本政府在 2015 年 6 月提出航空法修正法案，禁止无人机在夜间飞行，禁止在住宅密集区和机场周围飞行。此外，日本总务省在互联网上也公开发表了对无人机摄影作品的管理政策，明确表示了对个人隐私和肖像权的保护。

无人机产业的未来

日本无人机技术人才不足的问题更加严重，说这句话的是小型电动机开发公司 Mini- Surveyor consortium 的野波健藏会长。"如果不好好设置地磁数据，无人机就回不到原来的位置，希望会这些基础知识的人才更多一些。"掌握无人操作方法和电磁波基础知识的人才不少，但是也应该考虑适应工业的需求。无人机的工业应用需求不断扩大，今后日本也会不断完善法律法规制度和人才培养制度。

美国一家调查公司的数据表明，无人机行业相关的市场规模，未来十年预计累计可达到 10 万亿日元，今后发展无人机产业的企业数量将在全球范围内急速增加。

第3章
援助东京奥运

3.1 依靠假肢超越正常人，力争破纪录夺金

3.2 拯救建筑行业

3.3 担任导游

3.4 奇妙的演出："高达"或将登台奥运会开幕式

3.1 依靠假肢超越正常人，力争破纪录夺金

助力奔跑

在奥运会、残奥会以及整个社会的推动下，2020 年的东京将成为机器人的城市。届时，东京将实现假肢运动员参加更多比赛，机器人参与大会表演、安保警戒和接待服务等，全方位紧跟机器人行业的发展潮流。

百米短跑是一项让全世界的观众在 10s 内尖叫的热门赛事，而在这项比赛中力争世界第一的团队就在日本。

索尼旗下子公司的负责人远藤谦提出一项宏大目标，期待日本运动员在 2020 年的东京残奥会上夺冠并打破奥运会纪录。

远藤谦曾立志为因病失去下肢的好友造假肢。在此驱动下，远藤开始在美国麻省理工学院（MIT）的实验室专攻人体机能分析和假肢研究，并获得博士学位，并在之后专注开发比赛选手假肢和残疾人辅助机器假肢。其最终目标是让残疾人超越正常人。

在 2012 年伦敦残奥会上创造田径 200m 新的世界纪录的运动员奥斯卡·皮斯托瑞斯佩戴的假肢是由冰岛的奥索公司制作，该公司在运动假肢方面占据很大的市场份额。而远藤开发的是一种叫作"Blade"的碳纤维假肢，远藤的梦想是希望日

本运动员能够佩戴日本生产的假肢并夺得金牌。但是这个梦想却遇到了困难，因为仅仅在技术上开发高性能的假肢是无法创造纪录的，运动员还需具备将假肢功能发挥到极致的相关知识。"如果想要讨论皮斯托瑞斯，何不见一下为末先生？"据远藤的朋友介绍，为末曾是 2012 年 9 月参加过 400m 障碍赛的世界级选手，他一直积极鼓励残疾人参加比赛。2014 年 5 月，远藤和为末还与开发 Chair Ski 的 RDS 公司专务山原行里在东京合伙开了一家新公司 Xiborg。

Xiborg 与日本 3 名顶级选手签订合约，并从 2014 年开始，每月举行一次练习大会。其目的在于让选手在为末的指导下充分掌握利用假肢弹力的奔跑方式。同时通过测算每位选手的奔跑方式，将所得数据反映在假肢开发上。远藤表示，3 名选手的体形和奔跑方式差别很大，依据测算数据反映出的选手特性而设计的假肢，将有利于提高比赛成绩。

以自然奔跑为目标

远藤还有另一项任务。"如果说 Blade 是汽车中的 F1，那么我也希望制造一种人们普遍适用的假肢"，于是他研发出了机器人假肢，如图 3-1 所示。普通的假肢构造，往往需要依靠大腿的肌肉力量提拉假肢往前走。人们在向前迈脚或踢脚的时候，会很自然地改变脚踝的角度，这一动作可通过机器人技术得以再现。

图 3-1　远藤研发的机器人假肢

　　检测假肢着地和给予脚踝部分踢脚回力等动作，都通过传感器、电动机和计算机来完成控制。为了让更多残疾人拥有这种假肢，开发人员努力降低成本，并争取实现商品化。

　　远藤称，利用这种机器人假肢可以顺利完成某些比赛申请。2016 年 10 月，在瑞士苏黎世举行了第一届 Cybathlon，佩戴机器人假肢的选手们争分夺秒，顺利通过凹凸不同、倾斜和设有台阶的赛道。

　　策划本届比赛的是苏黎世联邦理工学院的 Robert Leiner 教授。作为康复机器人研究者而著名的 Leiner 教授表示，他希望通过举行面向普通人的比赛，以竞技的方式促进残疾人的社会参与度。远藤也对此观点表示赞同。

机器人技术不仅是残疾人的一种辅助，也可以激发残疾人参与社会活动的热情。正如 Leiner 的观点一样，日本国内也出现了围绕机器人技术来消除残疾人和正常人差别的趋势。

超人体育协会

从上届东京奥运会开幕到 2014 年 10 月 10 日，正好过去了 50 年。这期间，旨在创造一种融合技术与运动的新运动的"超人体育协会"应运而生。协会的发起人是庆应义塾大学的稻见昌彦教授，他以研究通过机器人和 IT 技术来进一步开发人体能力的技术而出名。

超人体育协会将在 2020 年东京奥运会召开之际策划多种超人体育赛事。希望正常人和残疾人之间不存在运动级别的差异，稻见教授发起的一系列的活动正是受到这种观点的推动。稻见昌彦表示，运动工具可以用于弥补体格差异，而且这些工具不断发展更新。

面向全盲选手的一项运动是"盲人足球"，即在球中放入铃铛，选手依靠铃声来比赛。一般正常人如果蒙上双眼往往会输给听觉灵敏的残疾人。稻见昌彦表示，若通过强化听觉或类似听觉的信息显示在护目镜上等方式来弥补各自差异的话，正常人和残疾人便可同场竞技。

51

另一种新形式的比赛是"扩音拳击"，即比赛者通过挥动拳头控制装有无人机的球体，若打到对方便可得分。选手佩戴的护目镜可自由切换一般视野的影像和后方的影像，以防备后方的进攻。选手在比赛过程中，一边切换影像，一边避开对方球体，并把自己的球体打向对方，如图3-2所示。

图 3-2　扩音拳击

正常人之间可以进行这项比赛，同样，依靠技术辅助，正常人也可以和坐轮椅的残疾人一决胜负。

当然，也有很多诸如如何判定拳头的运动、如何控制空中旋转的球体等问题亟待解决。尽管如此，扩音拳击可以让选手攻击身体够不到的地方，因此可以说是一项超越人类极限的新的比赛形式。

企业积极响应

本来，超人体育协会只是一个以机器人技术、虚拟现实、体育科学和人工智能等领域的研究者为主的团体组织。但多家民营企业迅速瞄准这一势头，纷纷前来询问如何将一些技术发展成商业化成果。

在招募会员企业的过程中，已有广告、媒体、房地产、电动机和游戏等领域的多家企业表示加入协会的意愿。

超人体育协会通过举行 Hackathon 等形式的赛事开发竞技技术，并培养爱好者和选手。2018 年在福井国民体育大会举行预赛，2020 年将举行 5 种项目的决赛。

在日本政府通过的"日本振兴战略"中，提出要推动"机器人驱动的新工业革命"，因此在东京奥运会和残奥会召开之际，举行机器人奥运会的计划被列入其中。依靠技术增加身体机能和相关道具，从而设计新的竞技比赛。将机器人技术和体育融合的各种创意将在 2020 年付诸实践。

电动假手超越真手

想要制造超越真手的义肢，一位从事机器人技术研究的年轻研究员从一家大企业辞职。他的目标是把 150 万日元左右的电动义肢价格降低到 10 万日元，进而改变人们对义肢的认识。

　　作为由 3 名年轻人创立的风险企业 Exiii 的共同创业者并担任 CEO 的近藤玄大先生，在 2014 年 6 月前一直在索尼的研究所从事机器人技术的研究和新兴产业的开发。工作之余，他还致力于肌电假手 "Handiii" 的开发。2013 年，他在 "James Dyson Award" 中斩获第二名，之后他决定与就职于松下的好友开始共同创业。

　　Exiii 开发的义肢是一种基于手腕表面肌电信号的变化来进行握手和张手动作的电动义肢，如图 3-3 所示。担任 CEO 的近藤玄大表示，完全再现真手的功能十分困难，因此想以时尚美观为中心，超越普通的义肢。他希望可以实现义肢个性化的时代，比如可以根据当天的心情选择不同颜色的义肢。

图 3-3　"handiii" 义肢

该义肢采用在 1 根手指上安装 1 个电机来实现复杂动作的构造，尽可能实现了轻量化和低成本。现在的目标是采用 3D 打印技术制造适合使用者的形状和外观颜色，并实现与电动机等零部件的共同组装。

3.2　拯救建筑行业

声控起重机

为迎接 2020 年东京奥运会的到来，政府计划修建体育场、旅馆等城市基础设施。同时对于桥、隧道等陈旧设施的保留与否也应及时做出决策，提出解决方案。现在在建筑工程如此庞大的情况下，建筑行业却陷入了人手严重不足的境遇。现在唯一的方法便是建立以机器人为中心的技术体系，但对于建筑业来说这也是严峻的挑战。这样的理想终究能否实现呢？

竹中工务店研发出了能够识别声音并进行声控的起重机，如图 3-4 所示。当听到"启动、往右、好了……停下"时，起重机就会自主启动，然后向右转，卷起货物，再停止。

通常情况下，专业挂钩人员在下面接到信号后，便把材料器材等货物挂到挂钩上，然后在驾驶座的操作人员再启动起重机。

图 3-4　声控起重机操作技术

注：照片中是使用模型进行试验的情形

指令因地区而异

动作指令有点像方言，因地区不同而有所不同。比如卷起就有两种说法，"さげー"（降下）和"すらー"（接上）。有人说"すらー"（接下）是由"スルーダウン"（慢下来）的演变而来，但这种说法至今也未被定论。竹中公司不断进行试验，以提高不同地区指令语言的识别度。我们也能从中看出竹中公司对会声控的操作人员的极大需求。

"技术人员都在往东京集中"，竹中公司新生产系统部门的洗光范主任感到了强烈的危机感。如果不能保证技术人员的数量，那么工程也无法进行施工作业。2014 年初还是每天 3 万日元的低人工费，但短短一年后，人工费就增长了40%。

声控起重机的控制系统来源于摄像机、传感器和人工智能的三者结合。通过一个极简单的指令，起重机就可以进行特别复杂的作业，比如，起重机可以避开栅栏把钢筋搬进去。虽然声控起重机仍存在法律方面的阻碍，但却可以很好地解决熟练技术人员不足的问题。

大成建设也加快了可自动控制的建筑机器的研究。虽在装满瓦砾的铲车上看到了实际成果，但对于能让地面更平整坚固的压路机和能碾碎岩石的反铲机，还在试验研究中。

一名技术人员像指挥管弦乐团一样指挥着数台建筑机器，这样的情形已不再只是发生在电影里。

人们都非常期待机器人能对刚施工完的工程进行质检，并对陈旧建筑进行危害检查。

2015 年 2 月，东京的一栋大楼 7 层外的瓷砖从墙壁外侧掉落。虽然无人受伤，但人们对陈旧建筑物愈发不安。

清水建设在 2014 年研发出的机器人"Wall Doctor"，是一款可以诊断外侧墙壁状况的机器人，如图 3-5 所示。它是从屋顶把金属线往下垂，一边慢慢下降，一边用金属检测棒接触瓷砖，同时录下摩擦时的声音，然后通过解析这个声音来判断瓷砖是否有掉落的征兆。机器人作业的速度是人工的六倍，每小时可检测约 60m^2 的墙壁。

图 3-5　清水建设的机器人"Wall Doctor"

大林组的外墙检测机器人 "Sky Climber"，其最大的特点就是能够对公共住宅的阳台等这样突起的地方进行检测，并且它的手可以自由的抓住阳台边缘处等地方，像尺蠖一样可以随意进出。根据具体条件，16 层以上的建筑物用 Sky Climber 要比用人工作业节省数倍费用。

大林组在 20 年之前就开始研发外墙检测机器人，但一直没达到预想效果。该公司技术研究所的土井晓主任回忆道："由于机器人无法躲开房檐等障碍物，所以很多时候人工的效率反而更高。"

除了大林组以外，在日本泡沫经济时期，建筑公司为了检测作业能更节省人力也提了很多意见。在建设高峰期虽然尝试过使用机器人解决人手不足的问题，但最终也都不了了之了。也许是因为机器人的性能还比较低下，再加上当时日本经济全面崩塌，20 世纪 90 年代初期的建设投资有 80 多万亿日元，但在接下来的 20 年间基本减半，由于市场缩小也缓和了人手不足的问题。

未雨绸缪　三思而后行

即使现在也会有不同的意见，前田建设工业的执行董事大川尚哉分析说，目前只是提前播种了技术这颗种子，却没看到它未来的需求。

该公司在 2015 年设置了名为 "生产性革新技术研究室"

的新组织，负责研究如何正确有效地利用机器人。这个新组织除了有七名经验丰富的技术人员，还有经营管理领域的人才。大川执行董事还说："不是研究机器人能干什么，而是研究机器人怎么做利润才会提高。"

在研发方面，该组织与有数据分析能力的企业合作，让负责现场施工的公司也加入进来，从施工的总指挥一直到普通技工，大家共同承担任务，期待完成目标。

3.3　担任导游

2020 年东京奥运会将吸引来自世界各地的游客。在酒店、活动会场引导来宾，维持会场安全方面，人们对机器人给予了很高的期望。正是由于机器人承担了大部分人类的工作，以大幅削减运营成本为目标的住宿设施的改造也被提上日程。

"欢迎光临！欢迎大家来到花和阳光的王国！"在日本长崎的豪斯登堡主题公园里，人形机器人正在接受业务培训，如图 3-6 所示。它们掌握了 SMAP 的热门曲目《世界上唯一的花》的编舞动作，为了能够与到访宾客一起跳舞，它们日夜不停地接受训练。

年到访量高达 279 万人次的豪斯登堡主题公园，在 2015年的夏天成立了机器人酒店。在社长泽天秀雄的指挥下，为了削减酒店运营成本，新酒店彻底采用机器人服务的方式。酒店

图 3-6　正在接受业务培训的机器人

的名字是"奇怪"，一间房每晚要 9000 日元的住宿费，但与其他的酒店比起来确实相当便宜了。

　　削减成本的秘诀就是使用机器人代替人。前台有 3 个机器人和自动入住登记机一起迎接旅客。酒店使用的机器人包括法国 Aldebaran Robotics 公司的 NAO 和来自三利奥子公司的爱心机器人。

61

能够自由行动的机器人将旅客的行李运送到指定房间，并为提前到达的旅客安排好存放柜，这个任务由安川电机的机器人来完成。

安川机器人在豪斯登堡主题公园里已经是制作冰淇淋的得力干将。最初只是试着将机器人导入进来，后来由于它广受欢迎，销售额被一次次刷新。事业开发室的早坂昌彦表示，即使是现在，想买机器人制作的冰淇淋的人还排着队呢。

2020 年东京奥运会，由于入境人数增多，用多种语言来交流是不可或缺的。研发人员正在探讨旅客到访的时候机器人应该用什么样的自动识别技术来选择语言，并根据旅客国籍的不同来自动切换欢迎词。

"用这个机器人就能顺利应对外国人了！"机器人风险企业竹机器人公司开发的机器人名叫"机器人盒子"，只要点击画面中按钮，就能够用英语讲解东京的名胜景点，如图 3-7 所示。如果更新软件的话，就能够随意切换世界任何国家的语言。机器人盒子正以 10 万日元的价格面向商店或商业设施出售。

竹机器人公司的社长竹内清明表示，日本虽然拥有高超的机器人技术，但是他感觉机器人还没有与商业接轨，所以他从大公司离职开始创业。他描述了在 2020 年东京奥运会期间，商店街上有很多机器人做向导的设想。

图 3-7　竹机器人公司的"机器人盒子"

　　人们计划把守护旅客安全的任务也交给机器人，在东京奥运会上，旅客们也想看到机器人担当警备角色的样子。NTT DoCoMo 公司的副社长秋元信行兴致勃勃地说。NTT DoCoMo 公司投资了一家研发警备机器人的风险企业。这家企业的构想是，自主行走的警备机器人在公共场所巡逻，机器人把通过传感器收集到的数据传回数据中心进行分析，以此来达到警备的作用。

3.4 奇妙的演出："高达"或将登台奥运会开幕式

奥运会不仅是一场运动的盛典，同时也是举办国展示本国科技、文化的契机。自 1984 年美国洛杉矶奥运会开始，奥运会真正实现了商业化，该届奥运会开幕式俨然变成了一次热闹非凡的盛典。那么将于 2020 年在日本东京召开的奥运会上，又是否会上演一场以机器人为主角的精彩表演来展现日本的科技与文化成果呢？

2020 年 7 月，东京奥运会的主会场将座无虚席，观众都在等待开幕式的盛况。届时，会场灯光会忽然关闭，紧接着一个巨大的机器人将从舞台一侧登台与观众见面。

"是高达！"

威武庄严的地球联邦军的机动战士一登场，整个会场立即沸腾起来。

高达出自 1979 年上映的动画《机动战士高达》，该动画由 BANDAI 公司旗下的 Sunrise 参与制作。2019 年正值该动画上映 40 周年之际，Sunrise 制作了一个高达 18m 的实体机器人，并将其命名为"高达 GLOBAL CHALLENGE"。

Sunrise 的社长宫河恭夫激动地说道："虽然这并不是阿波罗计划，但我想通过原来只是在梦中出现过的高达机器人，让日本人更兴奋起来！"为了实现目标，Sunrise 开始搜集全世界的奇思妙想，并历时数年创作了能动的高达机器人，这款机器人整合了先进的机器人控制技术、传感器技术、材料技术及增强现实技术（AR）等各项技术。

在创意征集活动中，征集到了来自世界各地的大学、机关、大型企业和个人等各种各样的创意。宫河社长表示："我们征集到的创意中有一半都是来自于国外，这也再次证明了高达是世界品牌的事实。其中不乏非常有趣的想法，全新的高达即将诞生。"

以圣火传递为目标

在洛杉矶奥运会之后，奥运会举办国开始真正重视开幕式的演出节目，近几届奥运会开幕式的重要演出节目见表 3-1。2012 年伦敦奥运会的开幕式上，在电影《007》主人公詹姆斯·邦德的保护下，英国女王伊丽莎白二世从直升机上乘坐降落伞入场。2006 年意大利都灵冬季奥运会上，法拉利的 F1 赛车也曾闪亮登场。

因此，东京奥运会开幕式的节目也将备受瞩目。在网络及杂志上被提到的机器人除了高达，还有铁臂阿童木以及由本田开发的人形机器人"ASIMO"。

策划此次开幕式的总负责人吉田浩一表示了自己的期待："我非常想让机器人挑战一下圣火传递，机器人既可以在旁边为运动员加油，也可以在运动员旁边跟着跑。"

表3-1　奥运会上重要的演出节目

年份	地点	重要节目
1984 年	美国洛杉矶	出现依靠飞行装置在空中自由飞翔的空中飞人
1988 年	韩国首尔	主题曲《手拉手》风靡全球
1992 年	西班牙巴塞罗那	运用弓箭点燃圣火
1996 年	美国亚特兰大	世界拳王阿里点燃圣火
2000 年	澳大利亚悉尼	在水中点燃圣火
2004 年	希腊雅典	重现历史的演出
2008 年	中国北京	体操王子李宁采用威亚技术点燃圣火
2012 年	英国伦敦	电影《007》的主人公詹姆斯·邦德登场
2012 年	俄罗斯索契	130 万台投影仪交错放映

注：俄罗斯索契是冬季奥运会，除此以外是夏季奥运会。

配合使用无人机

为给 2020 年东京奥运会做准备，日本国内在各种大型活动中积极使用机器人。在 NHK 的红白歌会中，2.6m 高的机器人身着华丽服装与歌手冰川清志一同登台，并为其伴舞。该机器人的研发者曾获得机器人大赛冠军，之后成功创业。

在红白歌会上，9 架无人机与女子天团电音香水一同登台，这些无人机是由 Rhizomatiks 公司的真锅大度制作完成。该无人机是由 3D 打印制作的零件组合而成。他成功将无人机的位置误差控制在 10cm 以内，并使无人机能根据表演者的舞步跟着跳舞。

距离 2020 年东京奥运会还有一年的时间，届时开幕式将如何展示机器人？机器人又会如何取悦观众？期待着各种奇思妙想的实现，让我们拭目以待吧！

第 4 章
缩小差距，赶超人类

4.1 外骨骼机器人——人类憧憬的"帅气"成为现实

4.2 跨过深渊

4.3 读懂潜台词

4.4 人工智能的追爱之旅

专访：索尼计算机科学研究所所长——北野宏明

专访：东京大学研究生院教授——历本纯一

专访：Flower Robotics 公司社长——松井龙哉

专访：大阪大学教授——石黑浩

4.1 外骨骼机器人——人类憧憬的"帅气"成为现实

人体机能得以数倍强化

在游戏《传奇世界》的设定中，大型生物不怕机枪和导弹，因此人类只得使用人形机器人与之对抗。这些人形机器人不仅能够区分和使用各种各样的武器，还能与对手进行格斗。虽是人形但能力却远超人类，这使得玩家兴奋不已。

玩家慢慢将手紧握，人形机器人也将拳头紧握，以这样的姿势将胳膊抡起，拳头竟然打到了 3m 高的地方。能将人类操纵机器人的愿望化为现实的，是由东京 Skeletonics 公司研发的外骨骼机器人。人穿戴外骨骼后，可以把身体动作扩大数倍，发挥出人本身并不具备的力量。目前外骨骼机器人正在火热销售中，它还用于大型活动及电影的拍摄，它也可被租赁使用。

活动时间延长至 60 分钟

Skeletonics 公司的 Siroku Leiesuki 代表坦言，他小时候也曾迷恋高达，并表示外骨骼机器人最完美地满足了人们的欲望。2014 年 6 月，Skeletonics 公司的第五代外骨骼机器人问世，它的活动时间延长到了 60 分钟。它改进了上半身与下半身连接处的结构，大大减轻了搭乘者肩膀的负担，如图 4-1 所示。第五代外骨骼机器人从 2014 年开始发售，定价 1000 万日元左右。该公司现如今采取了以娱乐性为中心的盈利模式。为了进一步扩大机器人事业的发展，该公司已经制定了全新的计划。

图 4-1　Skeletonics 公司的外骨骼机器人

本田公司也继续追求只有人形机器人才具有的优越性能。1986 年本田公司开始研发以人类为原型的双腿行走的机器人，并于 2000 年成功研发出机器人"ASIMO"。之后本田公司又不断从软件、硬件两方面对其进行改进，不仅提高了关节的自由度，还改善了其对周边环境的认识。ASIMO 奔跑速度最高可达 9km/h，还可以完成打开瓶盖、将瓶中液体倒入杯子这样复杂的动作。此外，其控制技术也极高，可以根据周围人的动作及情况对自身动作做出相应调整。

本田技术研究所的研究员重见聪史表示："人形机器人不仅能与人交流，还会采取最佳对话形式。"例如，与人对话过程中，机器人会配合使用手势等肢体语言，从而更易清楚传达它的意思，同时还能使人产生亲近感。

"刚柔并济"

借鉴人形机器人的技术，一些简单实用的产品相继问世，其中人体辅助套装应运而生。松下的子公司 ATOUN，也研发出用于保护手脚的辅助套装。一名腿上绑着辅助套装的男子在跑步机上以 10km/h 的速度跑步，他大笑着表示，虽然跑起来有点儿别扭但速度确实更快了。2018 年 7 月，ATOUN 公司发布了"Model Y"外骨骼产品。当人穿上该产品之后，可为人的腰部提供最大 lokg 的助力。

人体辅助套装还参与了电影《异形》的拍摄。作为外骨骼产品，它主要负责帮助人类搬运重物，但在该影片中还有人类与外星生物的战斗场面，可谓是帮助人类提升能力的工具，ATOUN 看重的也正是它在物流、农业和建筑等领域的作用。随着劳动人口的减少，各行业也都不可避免地面临着改善工作环境的问题。

然而，ATOUN 追求的不仅仅是节省人力和人员消耗。

例如林业，为保护水源就必须养护荒山，但是很多山林无法进行养护，原因就在于该项作业负担太重。如果使用人体辅助套装就能很容易地进入山林深处，运送所需机器物资，作业便能顺利进行。ATOUN 的社长藤本弘道表示："科技创造新事业和新的雇佣形式，我们致力于构建无障碍动力型社会。"

我们无法预测是梦想中的世界先成为现实，还是新的梦想先出现。机器人产业应该给企业和研究者留有充分的发展空间。

4.2 跨过深渊

"桂米朝人形机器人"闪亮登场

"人类"是什么呢？挑战此课题的技术研发项目正在逐渐增多，而表情和动作都与人类极其相似的机器人应运而生。有研究项目正在开发人工智能，使机器人能够理解人类的常识并能察言观色。这项研究目的在于使机器人不仅能够承担重体力劳动和危险工作，还能成为人类的朋友和伙伴。相关研究都在火热进行中，力争推进机器人技术的发展。

"说话更有趣的秘诀是什么？如果真的有，我也想听一听。"

"首先，你要找到一个好师傅，然后跟他学说落语（与中国的传统单口相声相似）。"

在日本大阪的高岛屋百货店的大堂里，迎客的不是国宝级落语演员桂米朝，而是以他的样貌为模型制作而成的人形机器人。人形机器人也在该店举办的大阪物产展上亮相。

桂米朝人形机器人能够对话的内容有三种：畅谈人生、落语的历史和桂米朝本人的人生经历。顾客只要在显示屏上选择问题，桂米朝人形机器人就会做出相应回答，如图4-2所示。当人说话时，桂米朝人形机器人能够注视对方的眼睛，并且做出适当的手势。一名女顾客感慨道："好像见到了真正的桂米朝先生一样"。

图4-2　桂米朝人形机器人和它的开发者石黑浩教授

研发桂米朝人形机器人的大阪大学的石黑浩教授表示："研发它的目的在于使其理解人类。我们把它改造得更像人类，尝试挑战人类能否永存的课题。"石黑浩研发了与自己外貌极其相似的人形机器人，如图4-3所示，他本人作为研发人形机器人的第一人而广为人知。以真实存在的女性为原型制造的机器人"MINAMI"也是石黑浩的杰作，而MINAMI已经拥有在高岛屋百货店做店员的工作经验。

图4-3　与石黑浩教授外貌相似的人形机器人

石黑浩之所以执着于研发人形机器人，是因为他希望让机器人能与人交流，从事与人对话、迎接客人和看护病人等工作。他想要研发的人形机器人，不但要拥有与人极其相像的外表，还要能跟人一样会笑会皱眉，恰当地变换表情。

石黑浩强调称，能与人类完成完美对接的还是人类。比如，百货店里的导购员，活生生的人和触屏式的自动贩卖机，哪个更能使顾客放心购买是显而易见的。因此，如果把机器人的外表设计成与真人一样的外形，再加上与人类无异的举止，即使是机器人，人们应该也能够信任它们了。

日本最先开始研发机器人的是制造业，但现如今，机器人的研发已经向交流和娱乐等领域扩展。位于东京的 aLab 公司邀请石黑浩担任技术顾问，研发少女型机器人"ASUNA"，如图 4-4 所示。ASUNA 被设定为 15 岁少女，既会眨眼睛又会微笑，还能扭脖子。此外，还能通过远程控制让它和人们对话，口型与发出的声音也能对得上。

为在娱乐市场领域充分发挥机器人的作用，电通集团成立了电通机器人推进中心。中心的西岛赖亲表示："我们希望将机器人作为人类倾诉感情的新媒体。"

软银集团的机器人 Pepper，也能够读取人类表情并与人对话。Pepper 的一大特征是可以像智能手机一样通过下载 APP 扩展能力，从而实现与人对话等功能。

图 4-4　少女型机器人"ASUNA"

　　机器人与人类的相似程度能达到怎样的情况呢？阻碍人形机器人研发工作继续前进的是被称为"恐怖谷理论"的关卡，如图 4-5 所示。该理论认为，机器和人的相似度正在不断升高，当机器人和人类无限接近时，给人类的感觉反而成了害怕。那么跨越这一难关之后，人类又会看到什么呢？石黑浩自信地表示，人类将会看到外形和人类几乎无异的机器人。

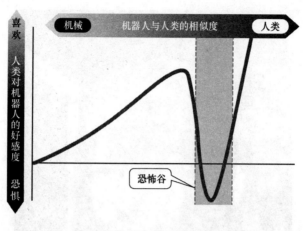

图 4-5　恐怖谷理论

无法做出微妙或激烈的表情

云计算技术的普及进一步推动了人形机器人向人类靠近的进程，可以更轻松地存储并高速处理大量数据。如今兴起了一种被称为"深度学习"的技术，将大量数据输入到模仿人类大脑的学习模型而制作的人工神经网络中，人工智能就可再现人类的思考模式，还可以精确识别各种声音。石黑浩感慨道，20 世纪 90 年代的设想历经 30 年终于一步步实现了。

当然，在研发人形机器人的过程中还会遇到很多难题。石黑浩研究室的助教小川浩平说道："现在让机器人表现羞怯、苦笑等微妙表情还是有难度的。"

机器人还很难表现出那些激烈的表情，如激怒、大笑等。人类在做出各种表情时使用的肌肉有近 100 种。石黑浩研发的人形机器人是通过使用驱动装置改变气压，从而实现对表情和手势的伸缩控制。如果想要做出那些激烈的表情，可能会导致驱动装置无法正常工作，代替皮肤的硅胶甚至会有破裂的危险。

人类与人形机器人和谐共处的道路还很漫长，我们才刚刚踏上征程。

4.3 读懂潜台词

察言观色、依据常识做出判断、有新的想法，IT 行业正在开发能实现这些判断能力的人工智能系统。人工智能系统可以读取语境、气氛的不同，即使发出相同的语言指令也可以做出不同的答复。人工智能系统不仅支持人类的判断，还可以给出实际建议。IT 行业一方面担心着人工智能系统取代人类，另一方面又加速开发更智能的系统。

在某工厂的生产线上，当机器人察觉到工人打算向工具箱伸手时，它便主动给工人递上了工具。如果人们说了"不好意思"，机器人会迅速回答"不客气"。过了一会儿，另外一名工人在通过机器人身后时被绊了一下，机器人迅速判断出有外物进入手臂的可动范围内，并马上改变了手臂的方向。他还会对感到身体不适的工人说"你脸色不太好，请多注意身体"。

可以想象到 10 年后，人类和机器人和谐相处一同工作的场景。机器人的人工智能系统不再将"不好意思"这种话通过语言辨识解释，而是做出常识性判断，毫无违和感地融入人类之中。

语言联想性的表达

从 2008 年开始，日本就对具备这种常识的人工智能系统展开研究。上述的"不好意思"并非责难，而是表达感谢之情。在此，"脸色不好"的"脸色"也并非情绪上的不悦，而是身体上的不适。研究目标是开发像我们人类一样具备知识、感觉，并能够与人类进行对话的人工智能系统。

"智能会议室"是由联合国政府间科技情报系统与大日本印刷公司共同研发的，2014 年 11 月，ITOKI 公司将这个具备常识的智能会议室投入使用。智能会议室的麦克风收集人的声音，人工智能系统对所收集到的语言通过常识判断展开联想，再将新的语言投影到墙壁上，或者展示到会议室中央的大型屏幕上，如图 4-6 所示。

ITOKI 公司召开了利用智能会议室开发新式关东煮的会议。输入由关东煮联想到的"冬天""成人""酱油味"等词语，就会不断得到"夏天""孩子""甜点""软糖豆"等词语。"夏天也想吃关东煮啊，虽然有凉的，但冰的怎么样呢？"

图 4-6　ITOKI 公司投入使用的智能会议室

"为了让孩子们喜欢，在包装袋上印上香蕉、苹果等水果图案。"不断输入各种关键词后，会议室中的讨论气氛逐渐热烈起来。

IBM 公司是开发可进行人性思考的人工智能系统的先行者。该公司在 2011 年开发的"Watson"人工智能系统可以自主学习互联网上的书籍知识和百科知识，并回答人们的提问。IBM 公司称 Watson 人工智能系统使用的技术是基于认知特性的计算机系统。

东京 L'Effervescence 餐厅的生江史伸厨师长说："当与符合人类感情和语境的人工智能一起工作时，简直就像与新厨师长一起工作啊！"

2014 年 12 月，IBM 通过 Watson 为餐厅开发了新的菜品，同时餐厅正式公布了"Watson 厨师长"提供的菜品。

以"牛肉，烤肉，冬天"三个词为关键词，Watson 厨师长以合适的食材和调味方法开发菜品，并提供预想的成品图。生江厨师长表示："Watson 能提供的菜品高达 1000 多种，其中既有不着调的菜品，也有靠人的脑袋肯定想不到的菜品。有些建议可以进一步精炼后变成真正做出来的好菜品。"

负责常识性研究的日本科技情报系统综合技术研究所所长羽田昭裕表示，由于人类的跳跃性思维很丰富，时至今日，人工智能系统还很难理解全部常识。

简单来说，人想要理解对方说的话时，需要转换到自己知道的知识或场景中。常识是随着人和时代的变化而变化的，由于没有规律可循，很难去构建这样的人工智能系统。

收集 80 万条常识

联合国政府间科技情报系统、美国麻省理工学院（MIT）媒体实验室和电通集团合作，于 2011 年通过网络开始进行收集常识的计划。比如，"夏天的风物诗有哪些？""最有名的明星是谁？"等常识性问题，还有日本人特有的常识等。

收集了 80 万条常识作为基础知识后，人工智能系统已经可以回答与逃学问题同等严重的被排挤问题，人工智能也是经历了从回答"狗、水壶、厨师、砧板、勺子是什么"到回答

"被排挤"的漫长成长过程。

目前的人工智能系统也还有不擅长处理的问题。Watson 擅长处理自然语言，但非结构化数据的图像、动画还很难理解。

"人工智能系统如果过于智能化，未来恐怕会取代人类的工作吧。"很多人对人工智能表示了担心。IBM 日本分公司协助研发 Watson 的元木刚则表示，人工智能并非要取代人类，它不过是提高认知能力的计算机系统。

工业革命时期，担心被机器夺走工作的工人们开始破坏机器并掀起了"卢德运动"。而如今又有了现代版本——担心被人工智能夺走工作机会的"新卢德运动"。伴随着人类的希望和不安，人工智能正在不断进化着。

4.4　人工智能的追爱之旅

如何制造与人类相似的机器人呢？很多研究者和技术人员埋头于人工智能的研究。由于人工智能快速发展，机器人的能力愈发受到关注。

"哆啦 A 梦、高达不可能在明天突然出现，但志存高远的人们应该憧憬未来！"——面向人形机器人 Pepper 研发者的说明会在机器人开始贩售之前就在东京召开了，软银集团机器人公司的富泽文秀社长在大约 1000 名参会者面前展开了演说。"憧憬未来的人"指的是决意涉足人形机器人的软银集团和聚

集起来的开发者们，软银集团投入资金对开发者进行动员是有
原因的。

周到的战略部署

Pepper 将身上摄像机和麦克风中收集到的信息通过无线通
信存储在云上。云上存储了无数个 Pepper 的实际经验，这些
经验帮助人工智能系统不断提高与人类对话和行动的准确度。
然而，由此结构进化的人工智能终归只有基本功能，开发更多
的教育、娱乐等各领域的应用程序是必需的。只有将两者结合
起来才能作为高等智能系统进行运作。

一方面，如果所有的应用程序都靠自己来开发效率太低
了，因此软银集团将 SDK 发布出去来招揽人才。例如，教育
专家来合作研发的话，开发人员就可以制作 Pepper 教导学生
学习的应用程序。为了制造更能满足消费者需要的机器人，开
发工作更需要依靠公司外的大众智慧。

另一方面，实际上从软银集团投资 Aldebaran Robotics 公
司中就可以看出，战略部署同样非常重要。

一位机器人开发者表示："对软银集团来说，如果制造单
纯的人形机器人，即使不投资 Aldebaran Robotics 公司，自己
开发应该也是可以的。"但从技术角度出发，优秀的研发者还
有很多，出资的意图在于商业手法。

Aldebaran Robotics 公司从小型人形机器人 NAO、儿童大

小的机器人 Romeo 入手，它们的主要工作是检查机器人的安全性。NAO 以教育学生为主要功能，在世界上大约 70 个国家销售。

Aldebaran Robotics 公司的志向在于提供平台、扩大市场，从 Aldebaran 公司对机器人世界杯的积极比赛态度中就可以看出他们的战略。在机器人的动作控制、整体队伍的协调等方面，NAO 作为很多软件技术人员的开发工具被广泛应用。

Aldebaran Robotics 公司负责人 BRUNO 表示，世界上大多数人都想参加到机器人引发的革命中去。NAO 和 Pepper 的共同点不止在于其可爱的姿态，还在于用头脑融入世界发展的大潮中。

与制造商合作

Flower Robotics 公司研制了家庭使用的、可配合人类动作进行移动的机器人"Patin"，并与盆栽、家具制造商等开展合作。Patin 不仅具备感应灯光的功能，在它主体部分上还有数据通信和充电的端口，连接这些端口，机器人就可以实施工作了。人们沙发上看电视或在床上读书时，Patin 会向最合适的位置开始移动并开启灯光。

该公司社长松井龙哉是人形机器人"PINO"的开发者，他意识到作为开发者的局限性，并认为能明白真正追求的东西是什么是非常困难的事情。

和人一起工作

在全球各地，人们很早就开始研究工业机器人。美国 Rethink Robotics 公司开发的双手机器人 Baxter，它可以与人合作组装电气零部件，也可以在食品外包装生产线上代替人类工作。Baxter 最大的特点是头部安装有带有监视器的"脸"，如图 4-7 所示。当人离生产线较近时，它会发出警告不让人继续靠近。同时，当人们操作失误过多时，它的脸还会做出不悦的表情。

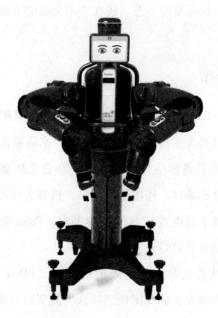

图 4-7　机器人 Baxter

该公司创始人兼技术负责人 Rodney Allen Brooks 表示，长期以来人和机器人工作的领域是分开的，但是今后随着对自动化的要求越来越高，人和机器人将会一起配合工作。Brooks 还认为这种机器人既要具备很高的安全性，又要与人友好。如果机器人给人带来压迫感和恐惧感，人的工作效率也会降低。

专访：索尼计算机科学研究所所长——北野宏明

北野宏明　社长兼所长

人物介绍：北野宏明，工学博士，1984 年毕业于日本私立大学国际基督教大学物理学专业，后来加入索尼计算机科学研究所（Sony CSL）。他是索尼宠物机器人"AIBO"的研发队员之一，为了机器人与人类共同生活，他还参与研发了人形机器人 PINO。

——在机器人历史中 Pepper 占有怎样的地位？

"双脚行走的人形机器人能够很好地控制因技术含量高导致成本高的问题，实现消费者能够接受的价格。20 万日元的价格和计算机刚刚出现时的情况类似，对于家庭和众多的小型企业来说是很合适的价格。"

"某种程度上来说，Pepper 和 iPhone 是很相似的，它们都具有话题性并且人们都对它们给予了很高的期待。机器人的成功有依靠今后的应用程序。如果拥有很高的应用价值的话，那机器人将有可能短时间大范围地普及。"

"机器人的设计和人类太像也不是一件好事。适当地采用机器式的设计有利于促进人的感情。在这一点上 Pepper 的设计做得很好，也具备被社会接受的各种条件。"

——如何看待人工智能威胁论？

"当人工智能的能力超越人类的时候该怎么办？如果装有人工智能的无人驾驶汽车相较于人类驾驶失误更少的话，那么为了减少交通事故就应该发展装有人工智能的无人驾驶汽车。如果装有人工智能的无人驾驶汽车出现了失误，那我们就要对人工智能进行改进。"

"飞机的自动操作装置就是和人类失误互相斗争的历史成果。这些都是人们为了减少人为过失不断开发人工智能的历史，结果就是现在人工智能在某些方面相较于人类高明得多。"

"接下来除了人们的操作失误，人工智能还要面对同人类恶意的战斗，比如，有时人会出于恶意驾车伤人。通过提高人工智能的水平，怀有这种恶意的人将难以实现其意图。我们将会进入那样的时代。"

——机器人的普及会影响人类的工作机会吗？

"在人工智能学会上，我听到过这样一件事情，地球上马的数量由于汽车的出现而逐渐减少。由于三次工业革命，某些特定的劳动取代别的劳动是每个时代都存在的事情。这既是经济增长的问题,也是政府要如何实现经济增长的问题。"

"在日本,随着人口的不断减少,为实现经济持续增长,有效利用机器人将成为关键。我们应该更认真地考虑如何利用机器人。"

专访:东京大学研究生院教授——历本纯一

历本纯一 教授

人物介绍:历本纯一,索尼计算机科学研究所副所长。1986 年东京工业大学毕业,1994 年进入索尼计算机科学研究所,2007 年成为东京大学研究院副教授,是开发 AR 技术的 Koozyt 公司的共同创始人。

——未来机器人会如何发展?

"补充和扩展人类的能力是机器人的重要作用之一。一方面,机器人尝试往人类的方向靠近,这具有重大意义;另一方面,超越人类的机器人的研发势头也越来越强。"

——将来无人机会如何发展?

"当见到回旋翼无人机的时候,我就有一种直觉,这是作为机器人发展而来的。如果人类能和无人机一体化的话,那人类在天空中飞翔的梦想就能实现。"

——如何看待无人机的管制？

"无人机的飞行范围确实非常大，但也应该避免反应过度。以管制规定为准则，进行适当的教育是目前可能采取的应对策略。随着今后的发展，采取无人机使用特区等积极的措施也是很重要的。"

专访：Flower Robotics 公司社长——松井龙哉

松井龙哉　社长

人物介绍：松井龙哉，1991 年毕业于日本大学艺术学院，之后进入丹下健三城市·建筑设计研究所。1999 年担任 ERATO 北野共生系统项目研究员。2001 年创建 Flower Robotics 并担任社长。

——现在已经进入机器人时代了么？

"19 世纪末出现的世界上最早的汽车，其外观与马车相似。这是因为人们在创造前所未有的东西时，会自然地结合已知的事物。而随着技术的发展，汽车逐渐演变成符合驾驶功能的外观。"

"为了能够让人类接受机器人，我们努力研发与人类能力和外观一致的机器人。但机器人的外观与人类越接近，就越会给人恐惧感，这就是恐怖谷理论。而如果机器人与人类的表情和动作完全相同，那么人类将不再感到恐惧。"

——您正在开发的机器人 Patin 怎么样？

"这个机器人的设计思路来自于'如果能够在家中随便轮滑该多有意思呀！'的想法。该机器人使用全方位移动的车轮，机身上边还安装了蔬菜培养器、照明工具、机械手臂等。"

"我希望开发更多的机器人技术，以此丰富人们的生活，设想一下未来人类的生活场景，人类的心理活动才更重要！"

专访：大阪大学教授——石黑浩

人物介绍：石黑浩，1991 年获得大阪大学基础工程研究科博士学位。曾担任美国加州大学圣地亚哥分校客席研究员，2003 年起担任大阪大学教授。国际电气通信基础技术研究所（ATR）设立的石黑浩特别研究所客座所长。

——听说您是为了追求"人类是什么"才研究的机器人？

"要创造人类模样并且能够和人类进行丰富交流的机器人，这该怎么做呢？"

"越加深对机器人的研究，对人类的理解也要更深入。这就是我进行机器人研究的理由之一。我参与了电通公司开发的机器人 matuko loyd 的监制工作，该机器人以艺人松子 DELUXE 为模型。我认为，创造机器人的过程，也是理解人类自身的一种方法。"

——机器人的普及会给人类带来什么变化？

"今后，机器人的数量肯定会大幅增加。机器人能力的提高也有助于推动人类能力的提高。机器人的增加应该与人类的进化密切相关。"

——如何看待日本的机器人产业？

"日本的机器人技术拥有绝对的优势。日本人民也都很勤奋，很擅长制作精良的事物。日本的工业机器人水平也是其他国家比不上的。但是日本人不擅长投资，为了维持工业机器人的技术优势，日本应该有更高的发展目标。越来越多的人加入机器人行业，今后我会努力支持这些研究者。"

第 5 章
包罗万象的睿智

5.1　2050 年，足球机器人将会战胜人类

5.2　预测胜负的话，人工智能占 80%，机械装置占 20%

5.3　灾害应对领域的高科技竞赛

5.4　美国中小型企业重回服务领域

5.5　无人物流

5.6　工业机器人的代理之争

专访：机器人世界杯国际委员会主席——野田五十树

5.1 2050 年，足球机器人将会战胜人类

走在行业的前端

2014 年 7 月，一场"世界杯"比赛在足球圣地巴西召开。在巴西东部城市若昂佩索阿召开的"机器人世界杯"是机器人足球世界锦标赛，其目标是到 2050 年机器人可以战胜人类运动员。美国、英国、日本、中国等约 40 个国家和地区的研究机构展开了技术竞赛，早已不是玩具的机器人引起了企业的高度关注。

比赛结束的哨声吹响了，千叶工业大学的 12 人举起双臂，高兴得跳起来。在与小孩子身高相同的人形机器人比赛的决赛中，他们击败英国赫特福德大学，取得比赛的胜利。在为期四天的比赛中，千叶工业大学的队员们一直都忐忑不安。因为当第一天的两场预选赛结束后，千叶工业大学的林原靖男教授发现无线通信不稳定的问题。这种问题在日本从没有发生过，只能说是比赛的意外因素。千叶工业大学使用的机器人性能低于欧美国家。在各个国家都使用无线通信时，机器人之间需要互相交换大量信息，通信系统陷入了瘫痪状态。

在无线通信不稳定的情况下，千叶工业大学的领队决定切

断部分机器人的通信，将判断交给机器人自己，凭借机器人的跑步能力和身体平衡能力进行较量。机器人比赛的胜负是靠零部件的性能等因素决定的。

"没有这个是不行的。"林原教授这样说道，这指的是双叶电子工业生产的电动机，如图 5-1 所示。该电动机虽然体积小，但是能输出强大的动力，制动方面的表现也很卓越。双叶电子工业自 2011 年起与千叶工业大学合作，一边提供比较便宜的电动机，一边接受性能、事故等方面的报告，反复改进他们的电动机。例如电动机转子的材料强度问题。当电动机突然启动时，人形机器人比较容易跌倒。根据千叶工业大学的试验，双叶电子工业决定改变转子的部分材料来减少形变。"从研究机构到爱好者，大家对机器人的零部件都很熟悉，也具有专业的知识。收集使用者掌握的信息对我们很重要。"双叶电子工业电子机器事业部的铃木康之这样说。

机器人开始在无人驾驶汽车和医疗等领域活跃起来，而这些领域的终极目标是使用人形机器人。机器人世界杯正是对机器人运动能力和智能水平要求最高的项目。

因此，以后的机器人到底能有多实用，暂时还没有明确目标。双叶电子工业营业部第一组组长三桥正地断定："现在就稳定地生产各种各样模型的还为时尚早，但是等市场明确目标后再参与其中，将为时已晚。"

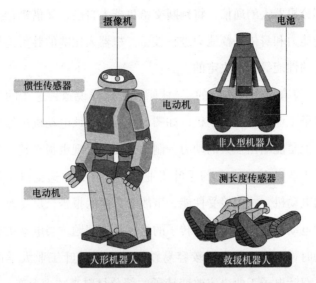

图 5-1　机器人的零部件

竞争成本的时代

"Tiago Silva！"巴西当地的少年叫着自己国家参赛选手的名字，但那其实是参加非人形机器人项目的机器人。它们都头戴三角形帽子，以人类慢跑的速度移动着，并发出"咚"的声音。机器人在比赛中间激烈地碰撞着，吸引人的正是它们可以进行足球这样的运动。

令技术人员十分期待的是瑞士 Maxon Motor 公司的电动机，它能够让 30kg 重的机器人快速移动。九州工业大学研究生院的石井和男教授明确表示："大部分队伍的机器人应该都装载着这个电动机，从几年前起就已经成为比赛的使用标准了。"

实际上，日本的电动机制造商也有具备同等性能的产品，但是还没有在此领域普及。在同项目中取得第二名成绩的北京信息科技大学的学生说："日本制造的产品价格昂贵，而机器人并不是只有电动机就够了，还要考虑到摄像机和电池等其他部分的预算。"

机器人的开发重点逐渐从性能要求转向成本要求，日本的企业也感受到了危机。

美蓓亚集团擅长的多关节机器人——Power Assit Suit 使用了六轴传感器。机器人移动时需要确定用力的大小、方向，所以六轴传感器是必不可少的。2005 年，这种传感器发生了大幅度改变，小型化轻量化的传感器已经研制成功，但是 70 万日元的昂贵价格却成了新问题。

该集团计量机器事业部的浅川英男部长说："传感器的性能方面已经能满足客户的需求，可是成本方面还是有不满意的地方。如果重新调整设计图、夹具、材料等内容，再削减 60% 的工序，这样就可以生产出既维持性能、又把价格控制在 30 万日元左右的产品。"

2015 年机器人市场仅在日本国内就达到 1 万 5000 亿日元，预计 2035 年将超过 9 万 7000 亿日元。对企业来说，现在抓住时机意义重大。

5.2 预测胜负的话，人工智能占 **80**％，机械装置占 **20**％

不再追求机械动力的提高

启动机器人不只是需要电动机和电池。人类的大脑可以掌握自身的姿势，掌握周围的状况，并决定下一步的行动。而在机器人世界杯上，决定比赛胜负的关键是"80% 人工智能 + 20% 机械装置"。

虽然千叶工业大学在小型机器人项目中荣获胜利，但是日本也有不足的地方。九州工业大学和日本文理大学的联合队伍参加的中型机器人项目，在与欧洲国家和中国的强劲对手反复进行比赛后仍没有得奖。九州工业大学研究生院的石井和男教授表示："我们的操作程序远没有达到机械动力那样高的水平。"

九州工业大学连续参加了 10 届比赛，是机器人世界杯的常客。近几年，比赛中机器人的速度飞快地提高，每届比赛都更新了电动机等机械装置。虽然每届比赛都使用了最新零部件的装备，但是操作程序的水平迟迟没有提高。

"真是速度和精度都出类拔萃的机器人啊！"令石井教授惊叹不已的是荷兰埃因霍芬理工大学。该大学凭借机器人操作程序和团队合作，以绝对优势战胜对手，取得胜利。

埃因霍芬理工大学的机器人可以快速移动，并且精确地掌握了球、敌人以及区域内白线的位置。机器人快速地运转机身前方的辐射装置，并灵活地进行传接球。当对手拿着球时，该机器人悄悄混进对方阵营中，并成功拦截对方的传球。

在小型机器人项目的比赛中，人工智能的差距会更显著。这是因为近几年各队的机械部件很相似，而且基本上都是把摄像机安装在场地上空。取得第 3 名好成绩的日本爱知县立大学信息科学部部长村上和人教授说：“单纯地追逐足球不是最合适的选择。机器人需要防备下一步，并决定机身的方向，这样的操作程序是必不可少的。”

在小型机器人项目的比赛中，直径 18cm 的圆柱形机器人无规则地运动着，同人类的足球比赛一样，机器人向防守薄弱的空间传球，接球的机器人尽全力跑过去。机器人踢球这一动作的实施受机身的影响，当机身的侧面或后方出现故障时，机器人就不能射门或者传球了。哪个部分的机身向哪个方向、以什么角度移动，操作程序的水平起着关键的作用，如图 5-2、图 5-3 所示。

在称为标准型机器人项目的比赛中，由软银集团投资的法国 Aldebaran Robotics 公司研发的人形机器人 NAO 作为标准型机器人被所有队伍共同使用。在机械装置相同的情况下，各支队伍凭借不同的操作程序进行比赛。例如，爱沙尼亚塔尔图大

图 5-2　小型机器人项目比赛

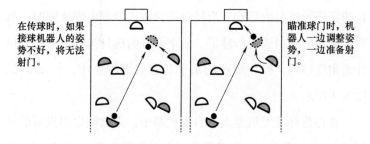

图 5-3　小型机器人项目的战术

学采取了独特的操作战术，让 NAO 随时做好举起双臂的操作姿势，降低受对手牵连的概率，提升连续进攻的效果。Aldebaran Robotics 公司自 2008 年起，以机器人世界杯为平台，向大学等研究机构提供比较便宜的人形机器人 NAO，目的是培养研发机器人的人才。

图 5-4　人形机器人 NAO

灾害预测

在机器人世界杯中，也有不需要任何机器人硬件参赛的项目。中国、伊朗、印度、日本等参加了以操作程序为主的仿真项目比赛。判断周围环境并自主行动的机器人在计算机屏幕上快速移动。机器人以事先提供的参数为原则进行进攻和防守，完全交给程序进行比赛是这个项目的特点。

参与机器人和人工智能研究的福冈大学秋山英久表示通过比赛积累的仿真数据可以有效地运用到各个领域。例如，灾害发生时如何避难的问题。在建设大型商业设施、体育场和音乐厅时，避难问题自然成为人们关注的焦点。大成建设等大型综合建筑公司正在研究当地震、火灾发生时人群如何快速避难。

在机器人世界杯中发展的技术不仅仅应用于游戏，也可以用于城市规划、设施设计等更多的实际工作中。

5.3　灾害应对领域的高科技竞赛

机器人世界杯中值得一看的不仅仅是足球比赛，救援、服务和物流项目的比赛都是机器人世界杯的闪光点。机器人的实用性越高，企业利用率就会越高。其中，应对灾害的救援项目在比赛中展开了激烈竞争。

比赛召开的第三天，担任救援项目裁判员的长冈技术科学大学木村哲也教授在喜忧参半的表情下说："这真是费劲的一天呀！"来自德国、伊朗、泰国、墨西哥等国家的 8 个团体组织，在比赛最后阶段仍分不出高下，进入决赛的队伍最终也没有选出来。当地震、洪水等自然灾害发生时，如何救助人类是全世界共同的课题。在此背景下，机器人的研发竞争越来越激烈。

救援机器人一般都有摄像机和机械臂，还可以进行远程操控。普通机器人在凹凸不平的土地上是无法行动的，但救援机器人可以在凹凸不平的土地上快速移动。履带式机器人也被称为无限轨道式机器人，它带有前后履带，能适应地面的变化，如图 5-5 所示。

图 5-5 履带式机器人

103

福岛核事故中的应用

福岛核泄漏事故调查过程中使用的机器人"Quince"是由日本千叶工业大学、日本东北大学和国际救援系统研究机构（IRS）联合开发的。

既参加过机器人世界杯、又在核事故调查过程中大显身手的 Quince，证明了它自身的高性能救援水平。这种履带式机器人在机器人世界杯中多次被使用，木村教授表示，救援机器人任务完成度较高，研发也比较容易。

日本的大企业也开始着手开发和使用救援机器人。大林组、移动机器人研究所和庆应义塾大学联合开发了能检测山体滑坡后地面强度的探测器，并将其安装在救援机器人上。在长约 2m 的救援机器人履带上，安装了将探测器插入土壤的试验装置。这个探测器最大的亮点当属它的摄像系统。探测器上的立体摄像机能够清晰地捕捉到远处的画面。大林组机械部的栗生畅雄表示："当机器人处理灾害时，除了考虑人类安全和救援速度，找到灾害现场合适的救援方式也是非常重要的。"

自动化是一把钥匙

在机器人世界杯救援项目的比赛中，赢得胜利的德国达姆施塔特工业大学的代表们异口同声地说道："即便远程操控机器人的技术已经普遍应用，提高机器人自动化水平依然是非常重要的。如对汽车自动驾驶系统的研究，自动化正是其研发的关键技术。"

救援机器人上安装了各种各样的传感器。北阳电机销售的激光扫描仪也是一种距离传感器，它掌握着绘制地图的关键技术。它利用激光的反射来测量距离，还可以判别周围的地形和障碍物。利用它收集到的地形信息再与摄像机的影像相结合的话，救援行动的效率会更高。

北阳电机在 1946 年就成立了研究小组，主要研发光学技术下的传感器，并将传感器安装到工厂的自动化设备上进行销售。激光扫描仪最初是在欧洲制造业中被使用的。德国 KUKA 公司销售的工业机器人中也使用了激光扫描仪。

依靠声音和图像的检测技术已经延伸到各个领域。北阳电机经营企划部和市场部的鸠地直广部长直言："在提高公司产品魅力的同时，探索客户隐藏的需求也是非常重要的。"北阳电机研发的激光扫描仪也开始应用于火车站内，可以用来确认站台与火车之间是否有人。机器人技术是电动机、传感器、人工智能等各项高科技技术的汇集，这些高科技技术都在快速发展。

5.4　美国中小型企业重回服务领域

美国卡耐基梅隆大学和宾夕法尼亚大学都培养出了诸多科

学家，他们正在研究灾后救援和服务行业的机器人应用。在机器人世界杯的救援项目比赛中，裁判团所穿 T 恤衫上赫然印有"NIST"几个字母，这正是负责比赛进行的美国国家标准与技术研究院的简称。为了定量显示机器人的移动及安全性能，需对机器人进行测试，而测试方法由 NIST 制定。

比赛需要对机器人通过障碍路线的时间进行测定，长冈技术科学大学的木村哲也副教授指出："只要确立了评价标准，即使是没有实际成果的中小型企业研发的机器人也可能被大型企业采用，并为之打开一条新路。"

Pepper 现"强敌"

在美国的 Silicon Valley Robotics（SVR）公司就是一个典型的中小型企业，该公司每隔几个月就召开一次股东大会，公布新开发项目和投资者计划，引来广泛关注。大会从上午 8 点开始，先是机器人技术部与企业并购部的负责人发表演讲，之后新项目负责人就技术和产品规划发表意见。约 40 位机构投资者与天使投资者在一旁安静地聆听。

公司主管 Andorra 做出如下说明："我们公司无法轻易做出并购或引进资本的决定，对我们来说，重要的是要知道自己的想法是否合乎情理。"即使技术与想法都独一无二，但因在市场及资金筹措方法上出错而陷入死胡同的失败案例并不在少数。

Andorra 认为，比起技术能力，机器人真正成功的关键在于商业化成果。就拿 2002 年开始发售的扫地机器人 Roomba 来说，它不仅具备了移动清扫等基本功能，还配以人工智能技术，实现精准的清扫路径。扫地机器人一炮打响后，日本、韩国的电器制造商也开始向本国市场出售同样的产品。

Andorra 还说，现在有几个引人注目的中小型企业的机器人正准备上市销售。JIBO 公司原计划于 2016 年正式销售与公司同名的机器人，它与 Pepper 一同被归类为服务机器人，但软银集团视其为竞争对手。然而两个机器人的外形和功能却迥然不同。JIBO 发售的机器人，目标功能为在主人做饭期间，通过语音或视频告知主人接下来的行程；对它说"给我照张照片"，它就会帮主人照相。但它却不能像 Pepper 一样自由移动，只能放在桌上固定使用。

在 SVR 公司举办的设计竞赛中，有来自 19 个国家的 75 家新兴企业参加比赛。晋级到最后阶段的机器人 Tandemic，作为检查型机器人，它在墙壁和柱子上极佳的爬行能力获得了相关人士的认可，如图 5-6 所示。

日本企业正在成长

日本的机器人中小企业也在不断成长。

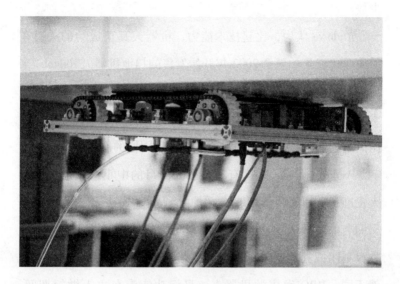

图 5-6　机器人 Tandemic

　　东京工业大学旗下的中小型企业——HiBot 开发了能扭曲着机身进入管道内部进行检查的机器人。该公司在机器人重心和关节的控制方面拥有很高的技术，约有十几个规划项目在同时进行开发。目前的成果之一就是检查高空电线的机器人 Expliner。Expliner 是 HiBot 公司与关西电力公司合作开发的机器人，它可以检查电线的老化程度。

　　除美国和日本之外，世界上各个国家都加速了机器人的开发，这样的机会不是一闪而过的，技术与需求正在紧密地结合起来。

5.5 无人物流

以亚马逊为起点

美国亚马逊公司要开展无人物流，如图 5-7 所示。亚马逊充分利用自身强大的资金实力，收购了 Robot Venture 公司，并首次召开了物流行业分工作业的自动化技术大赛。网络世界急速发展，零售龙头企业都在追求极致的物流效率。以亚马逊为开端，零售业的机器人技术正在飞速发展。

图 5-7 亚马逊的无人物流

2015 年 5 月，亚马逊在美国西雅图举办了"Amazon Picking Challenge"（APC），同时亚马逊还召开了机器人国际会议，约有 30 位来自产业界的专家和大学教授参加会议。参会的每台机器人周围都有 1000 人，他们是来自美国通用电气公司、日本丰田汽车的技术人员，大家都是为了考察机器人。

2012 年，亚马逊收购了美国 Kiva Systems 公司，从此亚马逊的目光便转向了物流业的自动化技术。运货机器人 BOT 可以根据网络订单自主移动，它装载着放置订单商品的保管柜，并能自动移动到运输场所。在它之前，分工作业都是人工完成的。

在 APC 上，参加者进行无人分工作业的技术竞赛。Kiva 公司的首席技术官 Pete Wurman 是竞赛的总指挥，他也是 Kiva 公司首席执行官 Mick Mountz 的亲信。Wurman 想以技术竞赛为催化剂，在短时间内推进物流自动化的高速发展。

库房中的商品被杂乱无章地放置在货架上，商品中既有表面光滑的书籍，也有易碎的饼干等，它们的形状、硬度各不相同。机器人取商品时，需要极高的画面认知能力和关节控制能力。这与用于娱乐和工业的机器人截然不同。

柏林工业大学取得了 APC 的胜利，他们的机器人安装了立体摄像机，还有激光传感器。首先，机器人利用摄像机确定商品的种类和位置，再利用激光测量好距离，之后移动到货架并把商品收纳到箱子内。抓取商品的机械臂采用了像吸尘器那样简单的吸引式结构。即使还不能实现精密地操作，机械臂也能在一定范围内抓取到商品。

　　柏林工业大学以大比分取得了压倒性的胜利，他们的领队Vincent Wall 挺着胸膛说："根据竞赛规则，我们重新设计了程序而且十分成功！"

　　日本的三菱电机也参加了此项竞赛，该公司在工业机器人方面拥有很强的技术能力。三菱电机与日本中京大学和中部大学组成了联队，如图 5-8 所示，三菱电机尖端技术综合研究所的首席研究员堂前幸康说："我们想试试平时研究的技术是否管用。"比赛的前一天，堂前他们仍然在改写程序。在三菱电机的机器上加入了人工智能，人工智能可以判断商品的颜色、形状等信息。但是，当联队进入现场之后才明白支架边缘有意想不到的阻碍，事前分发的图纸忽略了这一点，之前制作的系统在现场难以快速调整。最终联队只获得了第 6 名。中部大学的藤吉弘亘教授说："我们应该反省的地方有很多。如果今后规则变得更加严谨，我们的技术应该会得到充分发挥。"

　　APC 追求的机器人的特点是可靠与灵活。但是，柏林工业大学在 20 分钟的限定时间内取得的商品其实仅有 11 个，这种水平远远不能取代人工作业。用于竞赛的商品共有 25 种，但是实际上仅亚马逊库房的商品品种就超过 2 亿种。

　　APC 的工作人员都表示，无人物流要实现的路还很长。

亚马逊也在计划使用无人机配送，但是无人机分工作业的难度更大。今后亚马逊还会继续开展 APC，加快实现无人物流。

图 5-8 三菱电机、日本中部大学和中京大学的联队

破例的参观

APC 闭幕两天后，一辆大巴行驶在西雅图南郊的萨姆纳城镇中。亚马逊在美国有数十所物流中心，而这辆大巴到达的地方便是其中的一所。从 APC 参赛者中选拔出来的 30 人，在神秘的亚马逊物流中心开始了破例的参观活动。

亚马逊的一个美国研究员说道："这个物流中心有 3 个棒

球场那么大，里面有数百个货架并列摆放着，其高度比成人的身高稍微高点，Kiva Systems 公司的运货机器人 BOT 正在工作着。橙黄色的 BOT 侧面有机器号码。在肉眼可见的范围内有数百台运货机器人正在工作着!"

数百台运货机器人 BOT 在相互之间最大限度的靠近着，反复进行回转和直行。这些动作全部都是由系统控制着，并且 BOT 之间不会发生碰撞。每台 BOT 都可以滑进货架的下方，抬起货架再放下，它们淡然地做着这些工作。除分工场所以外几乎看不到作业人员的身影，到处都是电动机的声响。

参观活动只持续了 30 分钟就结束了，而且亚马逊的工作人员也很少解说，但是工作人员还是介绍了近期打算用多关节机器人代替部分人工简单作业的想法。虽然亚马逊没有表达所有的设想，但现场参观已经让人感到不可思议。

APC 结束后，所有的参赛者都希望赶紧查找课题，并可以参加下次大赛。

第一届 APC 上参赛者开发的技术作为开源技术已经公布于世。如果作为开源技术，那么将这些技术用于足球场上的话，机器人世界杯的技术水平也会大幅提高。但对于企业来说，投入资金开发的技术有可能白白地流失。多数参赛者都表示，大家都是创业者，所以明白开源技术是非常困难的问题。

5.6　工业机器人的代理之争

　　亚马逊举办的 APC 机器人竞赛上还掀起了另一场竞争，有 30 多家独立研发机构展出的产品几乎都是对已有工业机器人的再改造。这次竞赛成了日美欧工业机器人代理商的竞争。

　　"因为我们都了解我们的机器人，所以不用浪费时间从头开发技术。" APC 的前一天，美国 Rethink Robotics 公司的工程师 Lan McMahon 为支援参加比赛的团体组织。这次竞赛，约三分之一的团体组织采用了 Rethink Robotics 公司研发的机器人，如图 5-9 所示。Rethink Robotics 公司是以扫地机器人 Roomba 闻名于世，该公司创始人 Rodney Allen Brooks 同时也是 iRobot 公司的创始人。

图 5-9　Rethink Robotics 公司的机器人

冲向未来

Rethink Robotics 公司最具代表性的机器人是 Baxter。Baxter 可利用超音波探知四周，当人一靠近时，它的动作就会变得迟缓，最后静止，并且它头部的显示器上就会显示愁眉苦脸的表情，不允许人再靠近。Brooks 表示：“我们应该去寻找新的市场，积极投资各种研究机构并深入学术领域。尽管现在学术领域市场比较狭小，但还是应该先开发通用的标准。”

有一些工程师表示：“最近，风险企业飞速发展，他们将机器人解体，再分析其内部技术和零件。”2005 年丹麦的风险企业 UR 研发了 UR 机器人，APC 竞赛也邀请了他们。虽然他们只位列第 10 位，但他们的机器人已经引起了亚马逊负责人和制造部门工程师的关注。这是为什么呢？

UR 机器人最大的特点就是性价比高。UR 机器人能检查出外部受力情况，当它接触障碍物和人时，其协作动作就会停止。除此之外，它可搬动 10kg 以下的重物，而它的价格却只有 300 万日元。竞争对手绞尽脑汁也想不到 UR 机器人到底是靠什么压低成本的，为什么相同性能的机器人售价却如此之低？

答案在于机器人本身的设计。UR 机器人的机械臂决定了它能抬起的重量，而其运动轴的基本构造是相同的。产品设计与零部件融合使用，从而降低制造成本。还有就是其独一无二的特征，它可搬动 10kg 以下的重物。UR 机器人取代了需要大量人力作业的商品分类活动。

Fanuc 集团的痛苦经历

机器人市场中的中小型企业发展迅速，相比而言，日本的大型企业却有些落后。

在 APC 竞赛上，Fanuc 集团遭受了很大的打击，竞赛上没有一家团体组织使用世界市场占有率达到 15％ 的 Fanuc 集团研发的机器人。席卷制造业市场的 Fanuc 机器人为什么没有登场呢？

参加 APC 的美国研究者表示，Fanuc 集团很有名，但是竞赛中能利用的技术 Fanuc 机器人却没有，因此没能得到学生和研究者的青睐。还有研究者表示，机器人的细节动作、系统构建等方面都需花费大量的时间进行研究，在竞赛现场很难短时间完成。

在 APC 竞赛上，有 3 支队伍使用了安川电机的机器人。从 2000 年后，安川电机与多家机构合作，利用其机器人专用基础软件来开发新功能，这样即使是不同领域的操作人员也能方便操作该公司研发的机器人。各种各样的企业都在加入到机器人生产中，但是没有创新精神、单靠引进的公司有很多。

随着机器人技术的不断发展，机器人制造业的势力版图也将发生变化，日本企业也将遭遇困难！

专访：机器人世界杯国际委员会主席——野田五十树

野田五十树　主席

人物介绍：野田五十树，1992 年毕业于京都大学研究生院，进入日本电子技术综合研究所（现产业技术综合研究所），2004 年开始担任主任研究员，2015 年成为研究骨干。机器人世界杯的仿真项目的创始人，2014 年起担任机器人世界杯国际委员会会长。

——听说您从 1997 年开始一直支持机器人世界杯，您的目的是什么？

"机器人世界杯是以机器人在 2050 年打败人类足球世界杯的冠军为目标而开始的。研究机器人的具体目标是创造出在速度和力量均超越人类能力的机器人，而且机器人在与人类的智力较量上也能获胜。"

——通过机器人世界杯磨炼的技术对人类和机器人的共存有何作用？

"足球比赛依据具体状况会出现无限种可能。机器人世杯可以磨炼迅速读取交战双方状况并选择最佳战术的这一技术。要想实现战胜人类的目标，机器人还需要一定的想象力。此外，模拟大脑学习方法的深度学习等人工智能技术将增强机器人足球队的实力。"

"对机器人而言，实现与人类共存的关键在于具备了解人类的意图并向人类传达自己意图的能力。人类一般根据对方的视线和重心的倾向来推测对方的态度。没有重心移动的奔跑型机器人一般给人一种突然的感觉。因此，机器人在推测人的动作并做出反应的同时，还要注意不要让人受到惊吓，这也有助于避免人与机器人之间的冲撞。"

——您觉得机器人将超越人类吗?

"我本人觉得机器人一定会超越人类。因为在移动速度上，汽车超越了人类；在计算能力上，计算机也同样超越了人类，人在已经在很多方面被赶超。目前机器人只不过是在某一领域具有比人类更优秀能力的一种工具。但就像汽车出现在人们的日常生活中一样，机器人也将逐渐具备新的能力，从而更好地与人类共存。"

第6章
挑战废弃的核反应堆

6.1　呈现核反应堆安全壳的内部

6.2　清除核污染的机器人

6.3　无人重型机械开辟险路

6.4　用基本粒子探寻核燃料碎片

6.1 呈现核反应堆安全壳的内部

福岛第一核电站的核泄漏事故发生后，日本开始了艰难的废弃核反应堆的处理工作。2015 年 4 月，机器人首次进入核反应堆的安全壳中，并由外部人员实施远程操作。废弃核反应堆的处理工作被认为要花费 30 ~ 40 年才能完成，而由日本大型企业和福岛当地中小型企业与日本政府共同合作研发最先进的机器人技术，正在努力攻克这道难关。

全长 60cm 的机器人像鼹鼠一样在履带的传送下迅速进入直径 10cm 的管道内，如图 6-1 所示。该机器人在出管道后会

图 6-1 日立开发的机器人

变为"コ"形，并开始在地板上移动，如图 6-2 所示。在日立公司的研究所里，技术人员为了使机器人可以进入管道内部，反复对其进行调整。

图 6-2　变成"コ"形的机器人

只有 3 个关节的机器人

这种机器人只有 3 个关节，并可以有线操控。这是为了使其在核电站核心地带等艰难环境下作业时不会出现故障，所以它的结构非常简单。国际反应堆报废研究开发机构（IRID）致力于核废堆处理技术的开发，其开发计划部副部长吉野伸说："为了设计出不易发生故障的机器人，开发工作确实吃了不少苦。"为了使机器人克服高辐射量的干扰，只能增强相机的 CCD 图像传感器性能，将图像信息利用电流传到外部。

熔毁的核燃料碎片流入安全壳的底部，与锆合金制的安全壳、混凝土和海水等物质混合后，像熔岩一样凝固起来。在制订取出计划时，需要把握其凝固形状等情况。

安全壳中一片黑暗，仿佛是有雾霭遮挡。技术人员以往也尝试过把可转动的摄像机放进安全壳内观察，但是摄像范围有限，所以改放机器人进入安全壳，对此东京大学浅间一教授表示："也许这是人类第一次能够直接看到福岛核电站的核燃料碎片。"

东芝研发的蝎子形机器人

东芝等公司发明了进入福岛核电站 2 号反应堆安全壳的机器人。2015 年投放使用并使之靠近核反应堆的正下方。该机器人高 7cm，全长 20cm。进入安全壳后机器人后部的相机和灯将会像蝎子的尾巴一样抬起，并可以前后左右移动拍摄。

首先，将直径 10cm 的钢管插入安全壳的贯通处，再将钢管两端打开，让机器人在钢管里面行走并最终送入安全壳内部，如图 6-3 所示。为了使机器人不摔倒，在设计时降低了重心，又为了防止机器人因重心过低无法移动而设计了可自行切断有线电线的功能。

东京电力和 IRID 在合作调查、搜索核燃料碎片之外，为了清理其他碎片和清除核污染，至今为止还投入了 30 多种机器人。但是能进入核反应堆安全壳内部的机器人还是屈指可数。

在美国三英里岛核电站放射性物质泄露的事故中，核燃料保持在了核反应堆内部。乌克兰的切尔诺贝利核事故中，专家认定熔毁的核燃料很难取出，便采取建造石棺的方法将核反应堆全部覆盖。而福岛第一核电站事故中核燃料已经熔化到安全壳的底部，所以其处理工作较前面两者更加困难。设计能够进入安全壳的机器人，将为研发灾害应对、看护、医疗、制造业等领域的机器人提供借鉴。

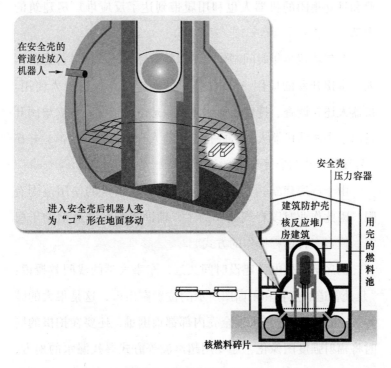

图6-3 机器人进入安全壳

123

在核反应堆厂房内部，机器人大显身手

福岛核事故发生后，日本立即从世界范围内引入机器人，包括扫地机器人 Roomba 等，但现在工作在前线的主要还是日本的机器人。千叶工业大学和东北大学等开发的机器人 Quince，利用 6 条履带首次到达了安全壳的最顶层。TOPY 工业和日立集团的机器人也利用履带到达了反应堆厂房建筑的内部。

东芝花费半年时间制作出可以躲避障碍物的四肢行走机器人。本田开发的应用 ASIMO 技术的调查机器人也投入使用。机器人还在调查、搜索被海水淹没后地下的情况。日立集团开发出水中游泳机器人和水底行走机器人合作搜索的技术，并在 2 号反应堆内进行了试验验证。

由于厂房建筑内辐射的影响，无线机器人的使用范围有限，因此作业时以有线操作为主，辅助搭配无线通信的子机等，摸索多种远程操作的方式。

福岛第一核电站建设时间久远，东京大学的浅间教授说："几处管道的位置和平面图所示的位置有出入，这是很大的障碍。"机器人就连进入安全壳内部都很困难，还要在拍摄的同时将辐射强度图像化，还要用超声波等方式寻找漏水的地方，困难可想而知。利用可以测量精度达到毫米级别的 3D 激光扫描仪，人们从立体图中掌握了核电站一层和地下的情况，确认

了 1、3 号反应堆的部分漏水位置等。

6.2　清除核污染的机器人

　　福岛第一核电站的厂房建筑内，机器人正在清除瓦砾碎片和核污染。日本机器人的开发尚有不足，事故发生后没有可以立即投入现场使用的机器人，这让相关人员感到非常失望。现在工作在前线的日本机器人是在事故发生后紧急开发出来的，因此也显示出了日本机器人技术的实力。

　　三菱重工的机器人 MEISTeR 安装有两只由 7 个关节组成的机械臂，机器人通过履带可以自由移动，如图 6-4 所示。技术人员进一步提升了它的性能，臂力从 15kg 提高到了 25kg；体积也进一步缩小，其占地面积缩小到之前的 85%。不仅如此，技术人员还提升了其可靠性，操作也更加简单，扩展了MEISTeR 的使用范围。

　　MEISTeR 双臂的最前端也都可以更换多种工具。机器人在有核污染的 1、2 号反应堆中进行切割作业时，一只机械臂握住被切割物，另一只机械臂进行切割。高级技师藤田淳解释说："这种机器人的操作十分精确，甚至可以比拟人类的手。"

　　继承了千叶工业大学等单位研究的机器人技术后，MEIS-TeR 在不平整地带或台阶的行动能力位居世界前列，这一点三菱重工一直引以为豪。但 MEISTeR 可以完成强度更大、精度更高的作业。它可以旋转门把手，切断障碍物，用像扫帚和簸箕一样的工具打扫瓦砾碎片和垃圾。它还具备清除核污染的功能，将用钢做成的微粒平均铺到地面上，以此降低放射性，这已在 1～3 号反应堆内进行了试验验证。

图 6-4　机器人 MEISTeR

远程清污

　　从地面上降低放射性物质的这种清除方法，除了利用三菱重工的机器人设备外，日本企业还考虑了其他的清除设备。ATOX 公司的远程清污机器人 RACCOON，其前端的移动装置仅有 35kg，小型化是它的特点，如图 6-5 所示。它的前端可更换高压喷水的装置和刷子等 3 种工具，它将被应用于 2 号反应堆中。

图 6-5　清污机器人 RACCOON

东芝则开发了投放干冰清除核污染的方法。这种方法的优势在于干冰可以升华，减少回收物。日立集团的装置是喷射高压水后清除核污染，浇注混凝土也可以清除核污染，这几种方法都可以用于 1～3 号反应堆的地面和墙壁来降低核污染。

清污机器人 RACCOON 需要一个软管，用软管放水进去后，再将水连同放射性物质一起吸出来。东京大学的浅间一教授表示："反应堆内结构复杂，要注意不要让机器人的软管或电线缠在里面。"

实际上有很多机器人电线绕在里面无法回收。大成建设在远程操作的建筑机器上，对如何照明、工具的安装位置及电线的回收方式等实际问题积累了丰富的经验。

ATOX 公司开发的软管收放装置是利用不同形状的车轮进行组合搭配，形状大小不同会产生高低差，这样就会提升装置的升降效果，软管在绕过有棱角等的地方时就不会轻易缠绕在上面了。为了减少软管和地面的摩擦，公司设计出了可以让软管全方位顺利移动的装置。

用于清除厂房建筑内瓦砾碎片的机器人是日立集团的机器人 ASTACO-SoRa，如图 6-6 所示。它宽约 98cm，由柴油发动机驱动，通过有线进行操作。它还安装有两只机械臂和铲子，单臂可以拿起 150kg 重的物体。

双臂式大型机械一般用于楼房拆除和清除大型产业废弃

图 6-6 日立集团的机器人 ASTACO-SoRa

物,日立用了将近半年的时间使其大幅缩小,最后变成了小型机器人 ASTACO-SoRa。它的机械臂前端安装有抓取工具和旋转刀等 5 种工具,可以利用远程操作更换工具。它不仅取出了 3 号反应堆内被吹走的圆形铁桶,还切断了已经弯曲变形的栏杆,并将掉落下来的通风管道拖拽出来,将比拳头更大的碎片全部清除干净。

从厂房建筑内部的核辐射量的解析结果来看,墙壁和管道等顶部的辐射量要高于地面。因此,清除高处核污染的机器人的研发工作也在积极推进中。

三菱重工有可 4 轮就地旋转、机体还装有伸缩梯子的机器人。它可以在 8m 高处进行作业。机器人顶部配有多种可更换的工具，如利用压缩空气将钢制的微粒撒在地面后再进行研磨回收的工具，以及可以关闭阀门的工具等。伸缩梯子的前端装有展示从上向下俯瞰的全景影像装置，并且像游戏手柄一样操作简单，还可进行远程操作。日立集团正在推进配有可伸缩式机械臂的高压水枪装置，东芝正在致力于提高使用干冰的远程喷射装置的实际应用效果。

在利用机器人清除核污染，扩大人类可进入的范围之后，特别困难的工作未来将会全部由机器人完成。

6.3 无人重型机械开辟险路

福岛第一核电站厂房建筑的顶部和周围飞散出来的钢筋和瓦砾碎片正在被清除，同时新的大型厂房建筑防护壳也开始建造。综合建设公司和生产成套设备、建筑机械的制造商进行先进技术合作，共同开发出了可以应对高辐射量的远程操作系统。

在爆炸规模最大的 3 号机组周围，最大可抬起 650t 重的两台超大型起重机和挖掘机正在等待指令。一共有 10 台机器参与作业，它们都不需要人工操作，就连机器的燃料供给也不需要人工操作，如图 6-7 所示。

图 6-7　无人操作的重型机械

　　东芝和鹿岛等企业在距离作业地点约 500m 处的远程操作室中进行监控，因为超大型起重机有发生重大事故的风险。为了防止事故发生，技术人员通过光缆进行操控，而其他的机械均为无线操控。

　　在人工操控重型机械时，可以从抬起物体时的抵抗感和重型机械的倾斜程度来感受操控的难度，但如果是远程监控的话就无法实际感受到。所以在重型机械的周围配备了约 20 台固定相机，这样可以在作业过程中客观地掌握起重机的倾斜程度。为了让监控人员有身临起重机现场的感觉，还通过麦克风将现场机器的声音传递回来。

3 号反应堆的重型机械的机身和周围共有 50 台相机，监控室里大约有 40 台监视器，各支队伍会根据不同的作业任务来切换实时画面。

为了实现 10 台重型机械同时作业，所需收集的信号和画面信息量非常大，所以现场的信息传送量也非常庞大。

搭建无线局域网

为了处理这些数据，在厂房建筑周围和起重机的机身都安装了无线收发设备，现场还搭建了可以实现高速通信的无线局域网。利用东京电力公司铺设的光缆，无线局域网可覆盖整个反应堆。

重型机械移动时会自动检测到可连接的中转基地。当通信系统出现故障时，会有不同的颜色显示回答指令的时间，如有异常发生就可立即辨别出机器的状态。

鹿岛公司等在清除 3 号反应堆最顶层核污染的同时，也开始准备建设覆盖反应堆整体的防护壳。在清除爆炸时散落在核燃料池中的瓦砾时，利用画面信息将水中堆积的瓦砾位置用三维数据再现，利用多台重型机械将其小心移动出来。虽然用于监视水中情况的相机不断发生故障，但还是清除了核燃料池中的瓦砾碎片。

　　建造 3 号反应堆防护壳是为了配备可以取出用完的核燃料棒的屋内起重机等，因为 3 号反应堆的辐射量要高于竹中土木建筑公司所处理的 4 号反应堆，所以重型机械要尽可能实现无人化，并缩短作业时间。

　　清水建设公司计划用防护壳覆盖 1 号反应堆整体，并用同类的嵌入式接合方法与其边缘接合。上部结构为让圆筒的一部分横放，这是清水建设公司为了减少接合部分，独自思考出来的方法。鹿岛公司在尽最大努力使各零件标准化，并不断推进接合作业的机械化。

　　在取出核燃料碎片后，清水建设公司将改造该防护壳，还要重新制作覆盖厂房建筑的集装箱，核废料处理依旧任重道远。

多种技术开发

　　尽管如此，建设公司、重型机械公司仍致力于推进多种技术的开发。3 号反应堆使用的重型机械中，撤除钢筋用的大剪刀中间部分安装有钩子，可以使切断后的物体不会轻易掉落。竹中土木建筑公司将原本用于拆毁建筑的重型机械上的大钩子与小段的金属线搭配，用钩子支撑着并切断物体。这项应用已经申请了专利。

　　为了搬运厂房建筑周围的瓦砾，鹿岛公司等联合开发出了自律行驶搬运系统，该系统使用了配置履带的无人翻斗车和铲

车。瓦砾碎片被翻斗车运到距离约 1km 远的固体废弃物储藏
库门口，再重新装载到铲车内，埋到储藏库内约 400m 深的
地下。

翻斗车内配置有 GPS 和激光扫描仪、监测相机等，可以
实时测量确认自己的位置及周围有无障碍物，并反复进行识别
判断和控制。针对弯道、斜坡和窄路等，翻斗车会及时进行细
致的线路调整，然后再将瓦砾碎片搬运到储藏库里。

建筑内部无法使用 GPS，为此在铲车的控制程序中编入了
建筑内部的 CAD 图。同时铲车配置有 4 台激光扫描仪，可以
通过周围的空间情况判断位置关系和造型。铲车经过斜坡和几
次倒车后运到地下，然后再返回。

这些无人操作技术继承发展了 1991 年云仙岳火山喷发时
的应对技术。福岛核事故中所积累的技术，将来也会被应用到
火山喷发和山林火灾等灾害现场。

6.4 用基本粒子探寻核燃料碎片

确认核燃料碎片

国际反应堆报废研究开发机构（IRID）等为了取出福岛
第一核电站内部的核燃料碎片，使用了来自宇宙的基本粒子进
行调查，还使用了激光切断技术，这是一场集结人类智慧的总

动员之战。

　　IRID 使用 μ 子（muon）这一基本粒子来探查 1 号反应堆核燃料碎片的位置和大小。μ 子也被用于确认火山内部的岩浆位置。利用其特性，IRID 使用计算机断层摄影装置（CT）测量和调查核燃料的熔毁程度。

利用穿透法检测位置

　　利用穿透法，高能加速器研究机构（KEK）研发了位置检测器。为了不受核辐射的影响，制作出了厚达 10cm 的铁板箱，其中放入了 3 套检测器。将铁板箱分别放在反应堆厂房建筑的北部和西北部，利用 3 周时间测量透过核反应堆的 μ 子，1 个多月后计算出图像分析结果。

　　KEK 在日本东海第二核电站进行了试验，成功辨认了核燃料碎片的位置和大小，如图 6-8 所示。之后 KEK 对福岛核电站 1 号反应堆进行了作业，确认 1 号反应堆中大部分核燃料都已经熔毁，掉落在了安全壳的底部。虽然只是确认了反应堆里几乎没有剩余核燃料，但这对后续的核燃料处理工作仍有很大的帮助。

　　2015 年，在 2 号反应堆的厂房建筑内，和 1 号反应堆一样利用穿透法，配置了大型检测器对核燃料碎片进行测量、解析。此外川崎地质公司和工程协会正在对地质调查所使用的检测装置进行改良，使其可以应用到核废堆处理工作当中；并且

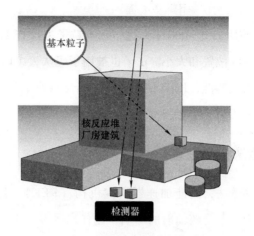

图 6-8　利用穿透法检测位置

计划大幅扩大测点，从既有机种的 5 种扩大到 81 种，目标开发出了约 30cm 分辨率的小型装置。

激光切割核燃料碎片

机器人要准备迎接切割核燃料碎片的挑战。碎片表面像陶瓷一样硬。JAEA 利用模拟碎片来检测激光切割技术是否实用。美国三英里岛核事故中曾考虑用人造金刚石刀具来切割碎片，但刀会损刃，也会切偏，作业经常受阻，一共花费了 5 年多时间也没有试验成功。碎片像熔岩一样形状不规则，其中还混杂着各种硬度和性质不同的物质，切割难度极大。

JAEA 不使用金刚石刀具，而是利用激光来进行切割。激光切割作业要配合使用辨别表面形状的激光扫描仪、识别材质的光谱仪、双色温度计和辅助燃气喷射装置，才能切割那些形状复杂的核燃料碎片。

JAEA 现在正在深入研究小型化、系统化的装置，在激光切割器前端搭配光谱仪的功能。计划制作出集多种功能于一体的实验机器，还可以远程操作激光系统，在核电站作业的话还可以安装机械臂，如图 6-9 所示。

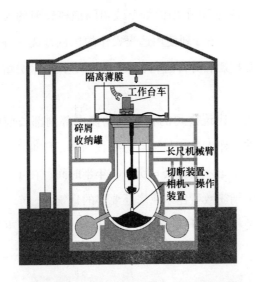

图 6-9　从厂房建筑顶部伸入长尺机械臂，利用激光切割核燃料碎片

从反应堆上部到安全壳底部有 30m。要切割所有碎片，需要在机械臂的前端安装一个可以斜着或从侧面发射激光的自由度较高的装置。为了在摆动时可以切割得更好更准，也需要搭

配使其稳定的装置。JAEA 今后将会携手工业机器人制造商、大学和研究机构，共同开发实用装置。

切割后的碎片会放到有隔绝核辐射效果的收纳罐中，然后再从中打捞出来运走。JAEA 正在准备用工业 CT 技术来从外部解析收纳罐中核燃料碎片的密度和成分。

JAEA 要在福岛第一核电站的围栏外部附近建立一个用于解析核燃料碎片的"分析研究设施"，计划于 2020 年启动。这里还会配备约 30 个用混凝土或铅隔绝核辐射的大小不一的房间（单元）。还计划使用远程操作的机械臂或从外部加工的厚手套来对核燃料碎片进行分类、粉碎，用溶液分解等方法进行分析。

竹中土木建筑公司的核能热动能本部副部长前中敏伸表示，现场的工作人员都是怀着想要救福岛于危难之中的心情而努力的。竹中土木建筑公司历时一年半时间，在 4 号反应堆堆积起了一个钢筋数量比东京塔还要多的建筑物。东京电力也表示将同相关机构和企业合作，共同致力于切实解决核废料的问题。

附录
人形机器人 Pepper 的分解图

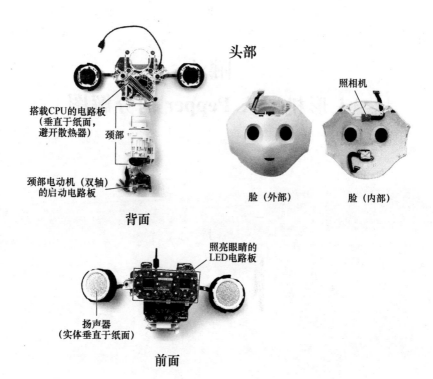

头部

搭载CPU的电路板
（垂直于纸面，
避开散热器）

颈部

颈部电动机（双轴）
的启动电路板

背面

照相机

脸（外部）　　脸（内部）

照亮眼睛的
LED电路板

扬声器
（实体垂直于纸面）

前面

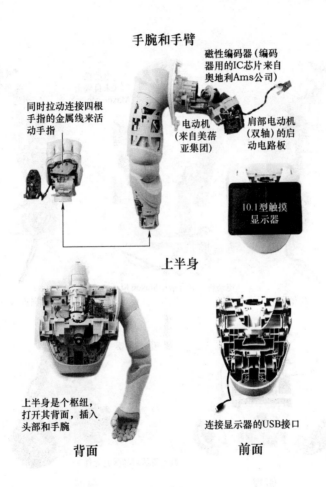

手腕和手臂

磁性编码器(编码器用的IC芯片来自奥地利Ams公司)

同时拉动连接四根手指的金属线来活动手指

电动机(来自美蓓亚集团)

肩部电动机(双轴)的启动电路板

10.1型触摸显示器

上半身

上半身是个枢纽，打开其背面，插入头部和手腕

连接显示器的USB接口

背面

前面

下半身

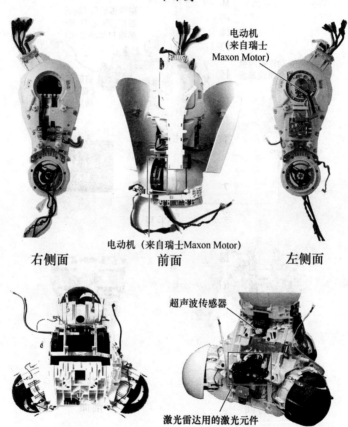

电动机
（来自瑞士
Maxon Motor）

电动机（来自瑞士Maxon Motor）

右侧面　　　　　　前面　　　　　　左侧面

超声波传感器

激光雷达用的激光元件

俯视　　　　　　　前面

ロボティクス 最前線/by 日経産業新聞/ISBN：978-4-532-32050-8

ROBOTICS SAIZENSEN by Nikkei Inc.

Copyright © Nikkei Inc. , 2016

All rights reserved. First published in Japan by Nikkei Publishing, Inc. , Tokyo.

This Simplified Chinese edition is published by arrangement with Nikkei Publishing, Inc. , Tokyo in care of Tuttle-Mori Agency, Inc. , Tokyo through Beijing GW Culture Communications Co. , Ltd. , Beijing.

北京市版权局著作权合同登记 图字：01-2016-3279 号。

图书在版编目（CIP）数据

机器人前线/日经产业新闻编；王杰立，汤云丽译. —北京：机械工业出版社，2019.8

（人工智能系列）

ISBN 978-7-111-63345-7

Ⅰ.①机… Ⅱ.①日…②王…③汤… Ⅲ.①机器人－普及读物 Ⅳ.①TP242－49

中国版本图书馆 CIP 数据核字（2019）第 157164 号

机械工业出版社（北京市百万庄大街22 号　邮政编码100037）

策划编辑：申永刚　王永新　贺　怡　责任编辑：王永新　申永刚

责任校对：肖　琳　　　　　　　　　封面设计：张　静

责任印制：郜　敏

北京中兴印刷有限公司印刷

2019 年9 月第1 版第1 次印刷

145mm×210mm · 4.75 印张 · 1 插页 · 120 千字

0001—4000 册

标准书号：ISBN 978-7-111-63345-7

定价：39.00 元

电话服务　　　　　　　　　　　　网络服务

客服电话：010-88361066　　　　机 工 官 网：www.cmpbook.com

　　　　　010-88379833　　　　机 工 官 博：weibo.com/cmp1952

　　　　　010-68326294　　　　金 书 网：www.golden-book.com

封底无防伪标均为盗版　　　机工教育服务网：www.cmpedu.com